U0218982

指尖漫舞 · 日本名师手作之旅

在南美邂逅
的结绳技艺
Macrame

1天编出
南美风彩绳饰品

[日] 镰田武志 著
洋红 译

机械工业出版社
CHINA MACHINE PRESS

南美手工结绳技艺 Macrame，越做越有新发现，乐趣无穷

出于对未知世界的一点好奇，我搬到了加拿大，又以此为契机，从 2005 年开始，旅行成了我人生的一部分。

我非常喜爱拉丁美洲各国现存的原住民生活风俗及其文化，为此往返于美洲大陆的东南西北，跨越了 50 条国境线。自从生活在这片土地上，我走访并游览了很多地方。旅途持续了 3 年，虽然节奏缓慢，但每天都带给我新的发现，充满刺激。回想起来，那是我迄今为止经历过的最充实的一段日子。

我惊叹于亚马孙雨林中的神奇植物与生物，在数千公里的拦车旅行中，不知道自己身处何地，要去向何方，在地图上都找不到的位置欣赏着稀有的岩石群，从车窗向外远眺彩虹的断层、天空和大海的颜色……那种大自然浑然天成的造型和色彩带给我永不厌倦的感动和震撼。在那些日子里，我被所看到的编织物、刺绣，以及当地居民的独特手工艺等所吸引，一直专注于他们的手工制作。

与南美手工结绳技艺 Macrame 的邂逅是从墨西哥以南的国度开始的。从英语系国家转入西班牙语系国家，会碰到越来越多热情、衣着艳丽的当地人，经常能看到铺块布就在路边叫卖的小贩。说实话，我最初连 Macrame 这个词都没听说过，当时认为也就是幸运绳 Misanga 之类的手工艺品。由于不需要什么工具，制作工艺也相对简单，不管是当地人，还是旅游人士，都可以亲手做些简单的样式，因此我也依葫芦画瓢地买了些绳子，抱着试试看的想法动手做了起来。

有一天，在玻利维亚的首都拉巴斯，一位当地的女孩为表示“amistad”（友好），将戴在自己手腕上的幸运绳送给了我。这是我第一次近距离地细细观察这种南美结绳饰品，还一边看一边用其他绳子试着编，编好后，拆开，再重新编，不断重复着这个枯燥的过程。终于用了大约一个月的时间，发现了它的基础结构和编法。（P2 照片右下角的饰品就是当时小姑娘赠给我的幸运绳，上方已经制成手环的作品就是当时我一边观察一边模仿制作出来的幸运绳。P10 是我的“开山之作”。）当你不断重复地编着一种样式，终于可以将其编成形时，你就能自然而然地从外观发现它的实际构造。既不曾在书本和网络上学习，也没有受教于人，一直让我执着地从事着结绳制作的原因，也许就是凭直觉感受到了 Macrame 是一项非常深奥的手工艺。

Macrame 是一种变化无穷、其乐无涯的手工艺，好像有一些既定的规则，又好像没有，造型和工艺可以不断推陈出新。能够将自己的想象、灵感用实际造型表达出来，这是一件多么美妙愉快的事情啊！我感觉一直以来，都在这样不断追求着。

我的设计灵感来自于当时旅途的回忆，以及现在造访海外各国领略到的色彩和自然风光。

这本书介绍了各种设计风格的结绳饰品，从简单平凡到动态复杂，每个作品都可以让大家在 1 天内完成。我的梦想就是将 Macrame 这种结绳技艺带入大家的生活，不管将结绳饰品作为配饰还是日常家居装饰，都能令人赏心悦目，带给大家愉快欢畅的心情。

镰田武志

在南美旅行中，笔袋、钱包、打火机盒等自己用着方便的或需要的东西，我都会亲自动手制作。只要有绳子，什么都能做出来，这就是南美结绳技艺 Macrame 的魅力所在。我就在这种环境下自由翱翔、放飞自我。

目录

图片中作品编号后的人～人人人人表示作品的难易度。人越多，记号和编法也越多，相对耗费时间。可在制作时参考。

以上照片是作者在中、南美洲旅行时所照。

海滩、菱形和点

做法 海滩 No.1、No.2 ► P50 [⅄]
菱形 No.3 ► P51 [⅄]
点 No.4 ► P52 [⅄]

海滩仅用卷结法、点仅用反卷结法、菱形用反卷结法和雀头结法即可完成，这几个作品特别适合初学者练习。

日落之前，总是有时间登上海边小小的山崖，坐在那个特等席上，欣赏海浪击打起的闪闪发光的泡沫和海滨沙滩上映射着的渐变色彩。沐浴在惬意悠闲时光中的“海滩”是我进行遐想的最佳场所。

色彩丰富的民族服饰，多带有菱形、条纹、动物、花形等按照一定规则编织出的图案。每个村落都有各自传统的花纹和颜色，代表着某种特殊的含义。

夜幕降临，为了观赏夜景而站在高台上，黑暗中不断亮起的“星星点点”的灯光，让人感受到暖暖的暮色。即使在远离人群的某个地方，只要这街道中小小的灯光慢慢渲染开来，也会穿透黑暗，照亮整个城市。

从左至右依次为
No.1、No.2、No.3、No.4
作品正面照

作品反面照 →

书带

做法 ► P53 [⅄⅄]

既可作为“书带”用于绑束书本或手账，又可用于收拾和整理服装、毛巾等。
有了它，旅游前的行李打包会非常顺利。
总之书带具有多种用途，绝对是旅途中的好伴侣。
橡胶材质的书带容易被拉断或被拽松，结绳材质的书带套起来很方便，可以放心使用。
用卷结、反卷结、线结法制作完成。

书签

做法 ► P54

叶子形状的书签，夹在书中上下稍稍露个脸。
这种形状特别适合练习线结。
旅途中偶然结识的旅伴间互赠一本书，不仅会从书中收获一些新奇的发现，还能对那个人有个初步了解，这也是极为有趣的。

No.6

三股辫绳两端搭配的挂饰，可以换成本书所介绍的其他形状。根据书本的尺寸，可以尝试改变三股辫绳的长短。

从上至下依次为 **No.7、No.8、No.9**

起源

做法 ► P56 [ ]

仅使用卷结即可完成的块状图案。
运用不同的色彩组合，呈现出不同的风格。

在世界上海拔最高的首都拉巴斯，
偶遇了一名女子。
她手腕上戴着的幸运绳引起了我极大的兴趣，
当她将其作为礼物赠给我的那一瞬间，
我的 Macrame 生涯便“开启”了。

No.10

波纹

做法 ► P46 [⅄⅄]

在墨西哥阿尔巴矿山没有光线的洞窟里，
向前迈出的每一步都会晃动着空气，
无形的声音“波纹”不断反弹着扑面而来。
厚重的色彩重叠让人回想起当时的情景。

运用卷结和反卷结法将珠子组合串连起来，尽量保持编结力度一致、绳线长短匀称，这样能够让完成的作品更加漂亮精致。用平结能够很容易编出手链的伸缩调节扣，可调节长短并佩戴自如。

No.12

照相机挂绳

做法 ► P61［⅄⅄］

不用任何工具，
不受时间地点的约束，
可以轻松自如地运用“在掌心中编成的四股圆形玉米结”
结实地编出多股拥有绿松石般色泽的蓝色绳子。
再在中间穿插些许紫色，
并在适当的位置点缀些琥珀色的石头。

四股圆形玉米结

做法 ► P49 [人]

在安第斯，比起那些带有民族特色的织品，我更流连忘返于他们手工编制的立体组绳。
看上去很相似，却又拥有各自的不同之处。
搭配、编结、编织、缝制。
编结技法中“四股圆形玉米结”这个名字是我在回到日本几年后才知晓的。
这组手链使用金属般质感的绳线，运用四股圆形玉米结编制而成。

十字架

做法 ► P57 [人人人]

在中南美洲，每到一个城市，
我都会先去市中心的教会。
在高大的“十字架”周边，
必然能找到当天落脚的酒店和餐馆，
在那里可以碰到形形色色的人们，
接收到五花八门的信息，
非常适合作为旅途中的“根据地”。

No.15

用卷结和反卷结法编成的十字架形状。
可以变换珠子和绳线的颜色，
做成不同色彩的耳环。
也可以做一些形状相同的项链坠或胸针。

叶子

做法 ► P58 [⅄⅄]

飘曳着坠落下来的一片“叶子”。
或是圆形、或是锯齿形、或有小洞，形形色色，
个性十足，非常有趣。
旅途中每到一个新的地方，
都会遇到很多不知道名字的、长相奇特的树木。

No.16

用卷结、反卷结、线结法编结而成，
也可以用来制作戒指。

火焰

做法 ► P60 [▲▲]

点燃蜡烛。
摇曳着的红蓝色“火焰”，
让人感到柔和、温暖。
不管去哪个国家，
都会遇到停电或者没有电灯的山中小屋，
这蜡烛的火焰为我照明，
时刻让我被安全感所包围。

线端全部烧结，
完成后即形成圆形饰品。
也可将剩余的线端做成流苏，
尝试着改变它们的长度和数量。

No.19

螺旋

做法 ► P63

爬山虎的枝叶繁多，
以“螺旋”形卷曲攀爬，
错综缠绕形成一个图案。
它用柔软却坚强有力延展着的线条，
自由创造着自我，看着它时我总能迸发出很多灵感。

No.20

本书中唯一一个左右对称的绳结。
由于是左右对称编出来的，所以不管是做成耳环
还是做成项链吊坠，都具有强烈的存在感。
任选其中一个做成拉链上的装饰拉头或挂饰，
看上去也非常简洁漂亮。

装饰小包

做法 ► P64 [⅄⅄⅄]

将编好的小包配上绳带，
就完成了一个项链挂饰型的小包，
背后配上别针，就能变身为胸饰口袋。
在市场上买菜或是在街上乘坐巴士时，
随身携带这样一个“小包”，
不用放入太多现金，随时取用零钱，
在旅途中非常方便。
这种南美风格的绳编小包也特别适合用来收纳打火机。

No.24

No.25

No.26

No.27

No.28

金字塔和影子

做法　金字塔 No.25、No.26 ► P70 、P71 [人人人人]

做法　影子 No.27、 No.28、No.29 ► P72 [人]

作为神殿和陵墓建造而成的玛雅“金字塔”，形状多种多样，
分布于原始森林或海岸附近等，非常有意思。
在被丛林环绕的金字塔顶上欣赏晚霞的经历
给我留下了深刻的印象，至今也无法忘怀。

在金字塔的遗址，
可以看到象征地下世界的蛇形石像以及浮雕。
每年在春分和秋分这两天，
阳光照射在金字塔上，
被设计好的“影子”慢慢与蛇头重叠，
仿佛形成了巨大蛇神下凡的奇观。

No.29

制作戒指时，会不会担心尺寸不合适呢？
用绳编的戒指，编长了就解开一些，编短了就追加一些，可以任意调节。
如果仍觉得尺寸不是那么恰到好处，那我们何不换个用法呢？
不管是用作丝巾扣还是项链坠，都是非常漂亮的。

No.30
OMEGA
DE VILLE

红色表带

做法 ► P66 [⅄⅄⅄⅄]

几种极为相近的颜色混合搭配，
形成了一种令人回味无穷的色彩。
自然协调，
稍稍偏离正色的色彩韵味令我爱不释手。
两侧的“红色表带”装配于表壳的表耳上，
表带两端一边是表扣，一边是扣洞，用于佩戴。
市面上销售的表带，品类少得出人意料。
用南美结绳可以制作出更多、更丰富的样式。

迷彩表带

做法 ► P68 [人人人]

采用简单的编结技法，重复多次即可完成。
如果配上装饰铆钉，会添些硬派风格。
整体色彩沉稳，方便搭配。
如果改变表带的色彩和铆钉的形状又会带来不同的风格。

No.31

用编好的“单层边框”将天然石包住。
挂绳用的挂扣部分有纵型扣和横型扣两种。
横型扣简单方便，
通过改变环扣的形状及大小，
可以对应多种穿搭方法。

没有开孔的石头，
需要使用特殊的“石头包边”编法穿挂于项链上。
只需掌握好编结的技巧，
无论什么样的石头都可以包住。
根据石头的大小、形状，
适当调节边框的宽度和长度即可。

纵型和横型单层边框

做法　单层边框　纵型 No.32、No.33、No.34、No.35 ► P41
做法　单层边框　横型 No.36、No.37、No.38、No.39 ► P73

No.40
No.41
No.42
No.43

简约型和装饰型双层边框

做法　双层边框 简约型 No.40、No.41 ► P44 [人人人]
做法　双层边框 装饰型 No.42、No.43 ► P74 [人人人]

“双层边框”用两种颜色的绳线编两层，强调边框的存在感。
简约型可以将挂扣也编两层，做得大一些。
装饰型挂扣类似于给天然石戴了顶帽子。

anudo 的色彩选择

朝霞映照的森林，
盛开的蓝花楹（一种开满紫色花朵的原产于南美洲的树木），
在空中看到的红土地，
生锈的铁，
古城堡的墙壁，
人们穿梭于十字路口……
在大自然或是城市街道中，
仅在某个时间才能看到的颜色以及
随时间流逝不断沉淀下来的色彩渐变……
在旅途或日常生活中，
人们会从不经意间出现在眼前的景色中
选择出自己喜爱的色彩。
参考黄色系、红色系、绿色系、蓝色系和茶色系的色彩组合，
分别选择三种不同的三色组合搭配。
以茶色系或灰色系等素雅的颜色为基色，
通过细微的浓淡色差调整，
完美地诠释出色彩的组合，
感受色彩的和谐统一。

照片中的蜡线由 Linhasita 公司提供，右侧数字为色彩编号。大家可根据自己的喜好和购买的便利程度选择合适的绳线。

黄色系

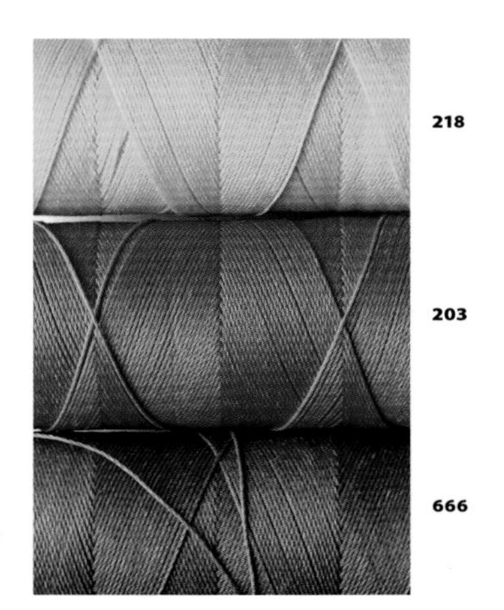

218

203

666

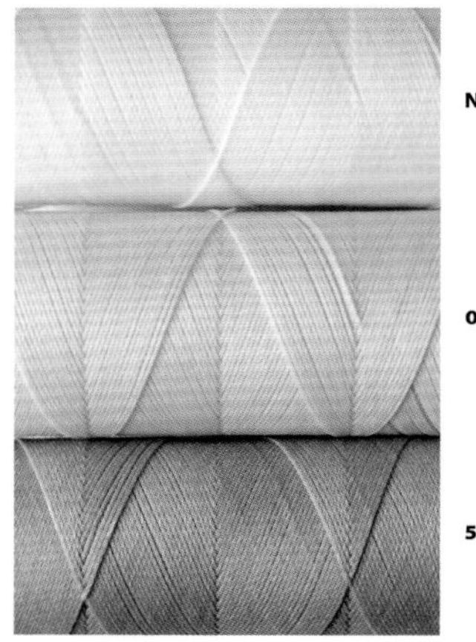

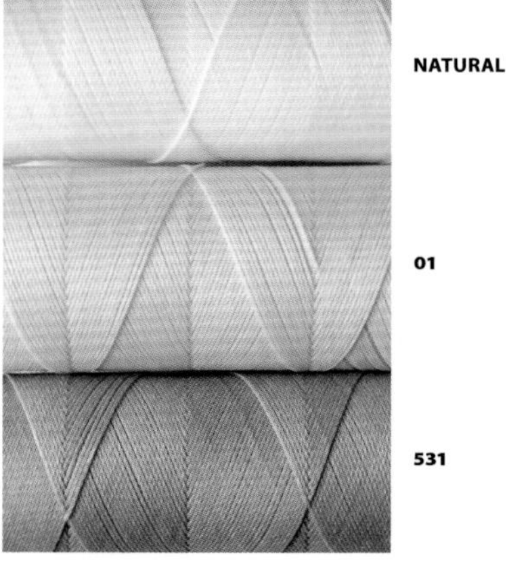

NATURAL

01

531

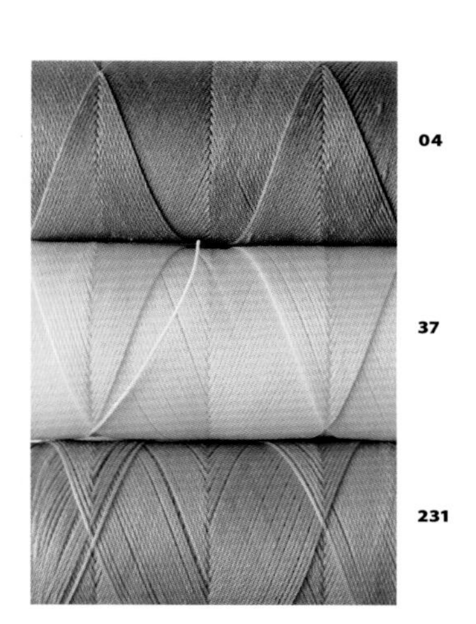

04

37

231

红色系

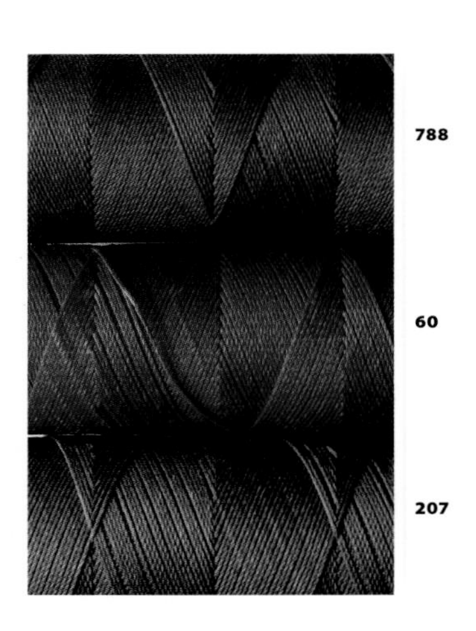

788

60

207

233

234

567

214

235

324

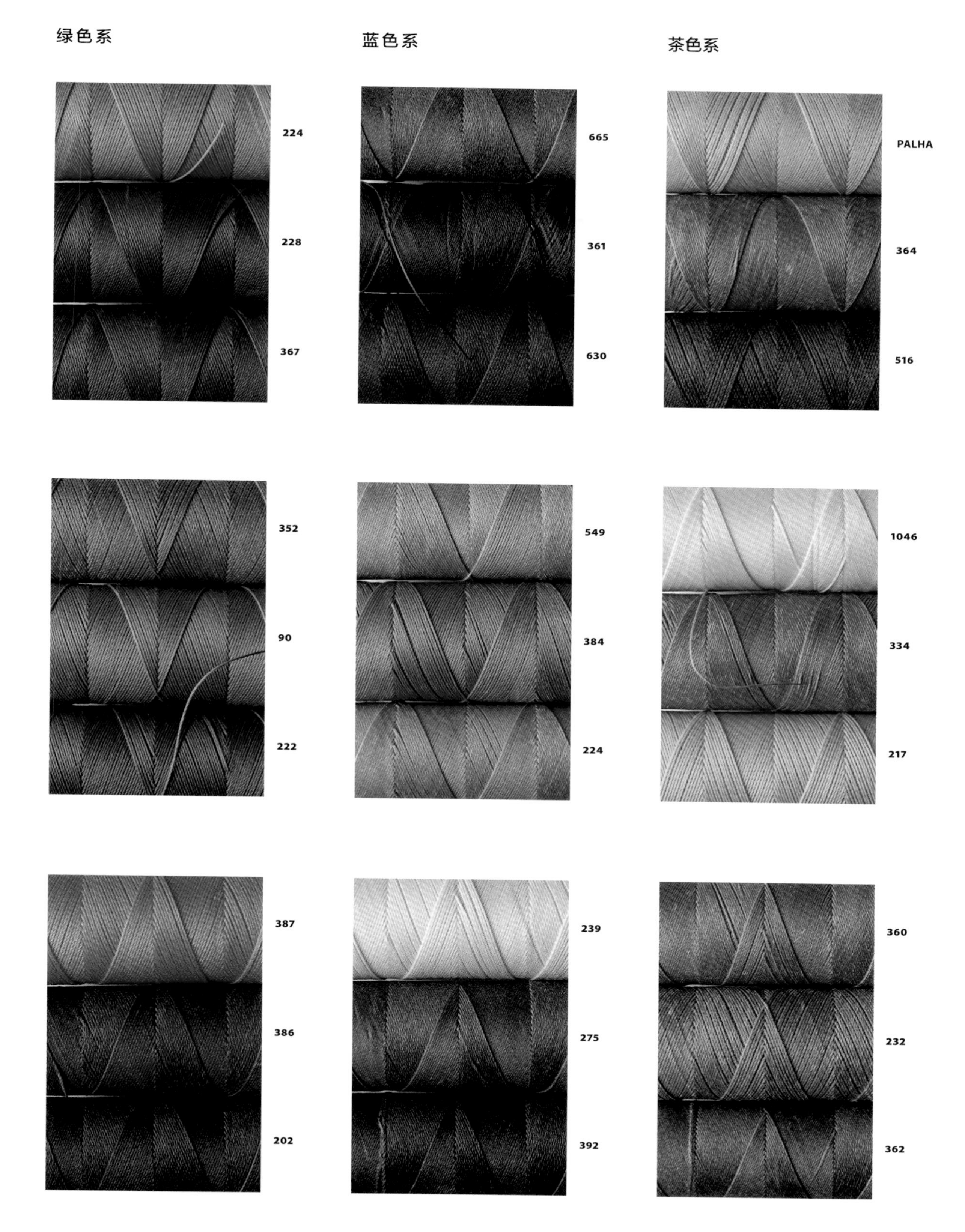
绿色系
224
228
367
352
90
222
387
386
202
蓝色系
665
361
630
549
384
224
239
275
392
茶色系
PALHA
364
516
1046
334
217
360
232
362

准备好绳线和夹子就开始制作吧

南美绳饰只要事先准备好“绳线”和固定绳线用的“夹子”（还可以在文件夹或软木板上，用珠针或是大头针等固定）就可以开始动手编了。这是门槛很低的手工艺，如果选择一些简单的作品，即使是初学者，也可以在1~2h内完成。首先要学会基础的编结方法——“卷结”和“反卷结”。本书中的大部分作品是以“卷结”和“反卷结”法为核心的，辅以同类型的编结技法——“线结”和“雀头结”就能完成。

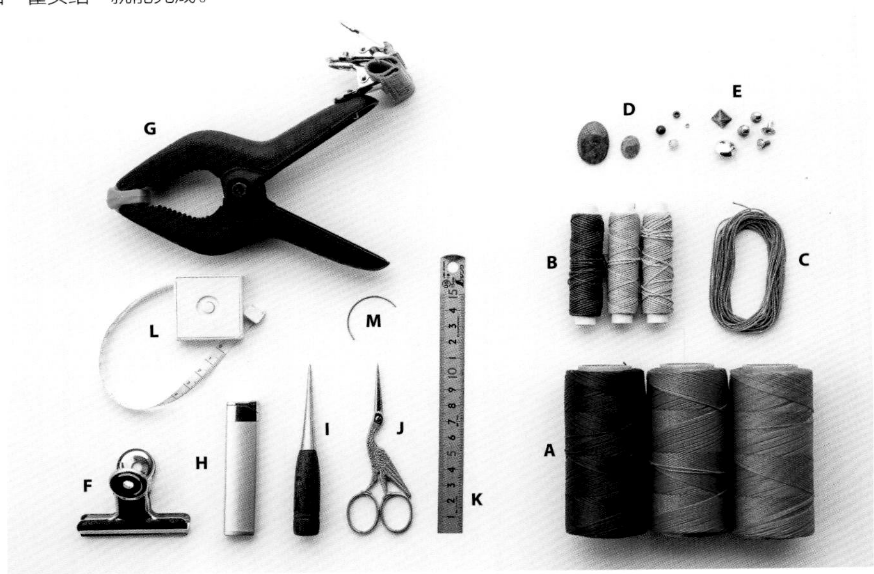

材料和工具

首先需要准备以下材料。

+ 绳线（从A或B中选择）

A **蜡线**（Linhasita公司制造）将涤纶线进行上蜡加工而成，可以将线头烧结收尾。anudo经营上百种进口彩色绳线，为大家提供多种具有细微差异的色彩选择，可以邮购。绳线直径为0.75mm（参照P34）。

B **微芯南美蜡线**（marchen art）这是涤纶线经过树脂加工制成的南美结绳专用线，有29种颜色。这种线打的结比较紧实，结扣不会轻易移动，看上去很漂亮，线端可以烧结收尾。直径为0.75mm。

+ 夹子（固定绳线用的工具）

F **夹子** 图片中为山形夹，用于夹住绳线（参照P38）。将其固定于桌子上使用更方便。

G **特制夹子** 为了方便南美绳饰品的编结，anudo自主研发了几款可随意组合的夹子，如用于桌面固定的大夹子和夹线用的小夹子，以及做石头包边时为了防划伤或防滑而使用的带皮革垫固定用的小夹子等。

+ 其他

H **打火机** 线头烧结收尾时使用。

J **剪子** 好用且刀尖较细的手工艺制作用的剪刀较为方便。

K **尺子和L卷尺** 用于测量绳线的长度及作品的尺寸。

根据作品不同，必须要用的材料以及配上后会锦上添花的材料。

C **不锈钢线**（marchen art） 虽说是线，但编完后看上去如同金属一般，最大的特点就是既柔美雅致又富有弹性。直径仅0.6mm，因此可以用来穿小珠子。线头不可以烧结收尾，需用其他方法进行收尾设计（P15）。

D **天然石、天然石珠子、其他珠子** 根据作品风格进行选择。

E **金属材料** 如拟宝珠、铆钉、扣子等，在整个作品设计中起到点缀修饰的作用。

I **锥子** 用于松开或拽紧结扣，或用于其他细致的手工作业。

M **曲线缝针** 在制作装饰小包（P22）时，用于小包两侧的缝合。针尖为弧形，非常便于结扣缝合。

先学会基础的“卷结”“反卷结”“线结”

南美绳饰品的制作工艺简单，首先用绳子编出结扣，然后再将结扣组合排列，创作出各式各样的图案。编结扣时需要两条线，一条为轴，另一条打结。本书分别将两条线称为轴线和结线。作品完成后一般都看不到轴线，多被结线遮掩。

标记说明

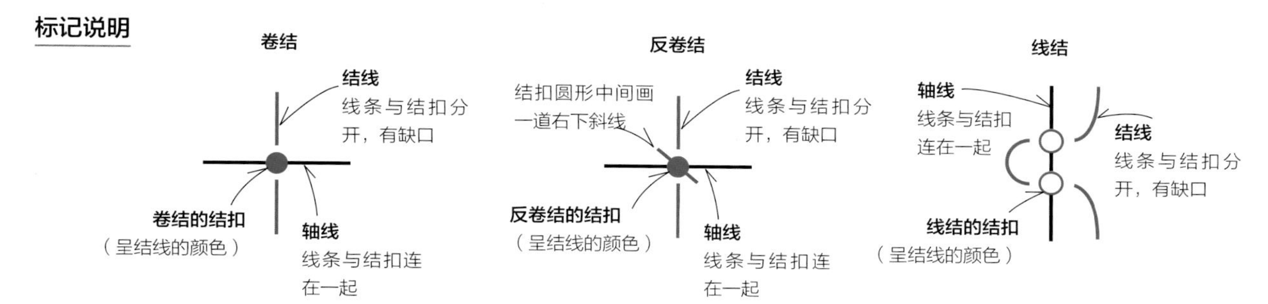

编法示意图说明

数字是编结步骤

增加层数时

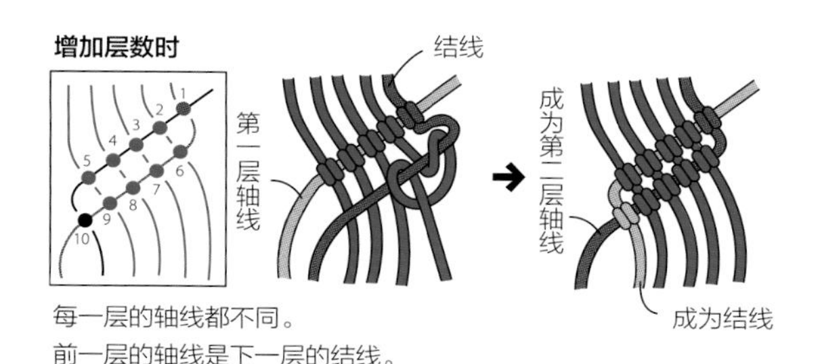

每一层的轴线都不同。
前一层的轴线是下一层的结线。

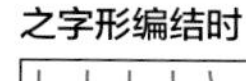

之字形编结时

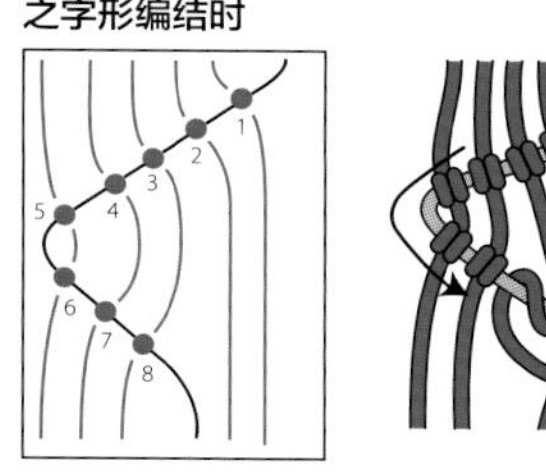

轴线反复折返，呈之字形编结。

中央交叉编结时

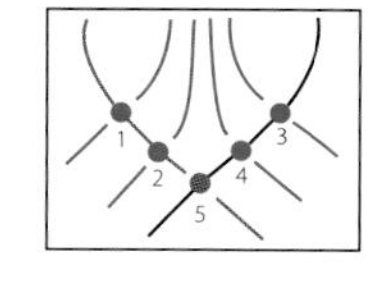

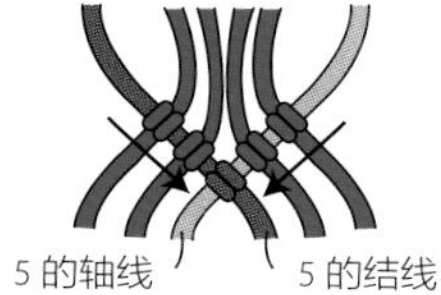

左右两侧分别编两个卷结。编至中间部分（5），将两条轴线中的一条变为结线，“朝左侧编时”（P38），编第一个结。

线结示意图

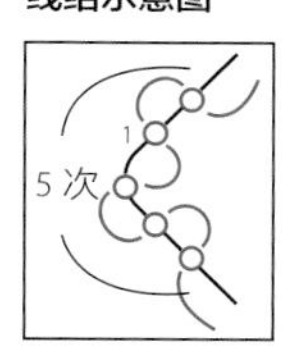

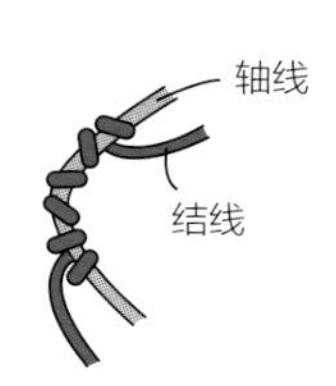

5 次是线结的次数。图中数字（1）是编结的顺序。（如果没有特意标记次数，那么○的数量就是线结的次数）

○ 烧结

涤纶线在编结完成后，很难用黏着剂收尾。因此需要用打火机将线头烧熔捏住，也就是用“烧结”的方法将结扣扎住收尾。使用打火机时，一定要小心谨慎，注意不要被烧伤。如果线头较多，聚在一起比较近，可以一起烧结。如果各线头离得比较远，就要一个一个地烧结。

1 线尾留出 1~2mm，然后剪齐。

2 打火机火苗（火焰部分）内焰慢慢靠近，等线尾熔化后，挪开火焰，将已熔化的部分轻轻按捏成结。

3 烧结完成的部分标记为“×”。

本书照片中，轴线为黄色，结线为蓝色。结扣与结线颜色同为蓝色。
用夹子夹住绳线，将夹子固定好就可以开始编了。

○卷结

将轴线握在编结行进方向一侧的手中。轴线要一直攥紧，不要离手。
根据轴线角度的不同，可以自由改变结扣的方向（参照 P76）。

朝右侧编时

用夹子夹住轴线和结线，轴线在左侧，结线在右侧。右手拿住轴线，左手拿住结线。

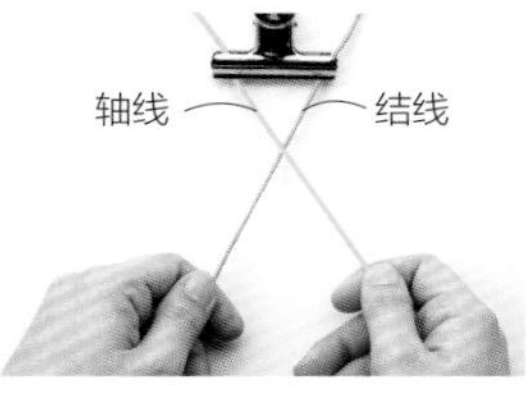

1 将结线与轴线交叉拿在左、右手中，右手中的轴线置于左手结线上方。

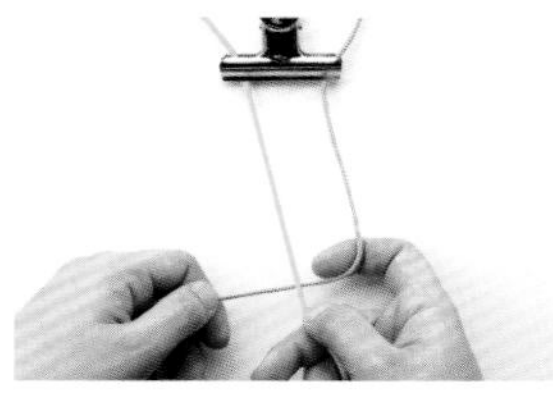

2 用右手食指钩住结线。

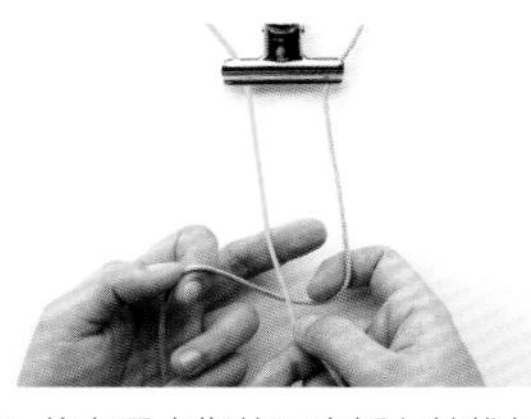

3 将左手中指从下方插入轴线与结线的中间。

4 向前弯曲左手中指，用中指指甲一侧挑起结线。

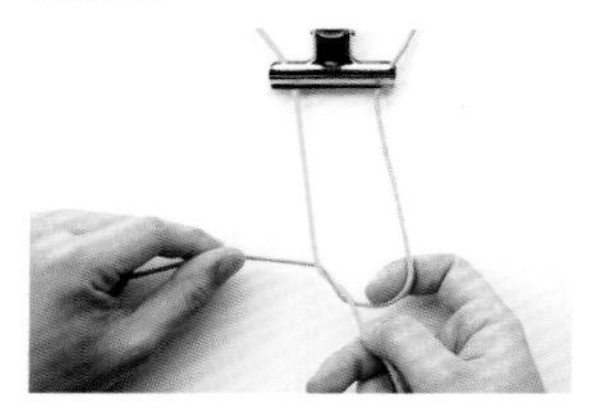

5 将结线经上方向下拉出。

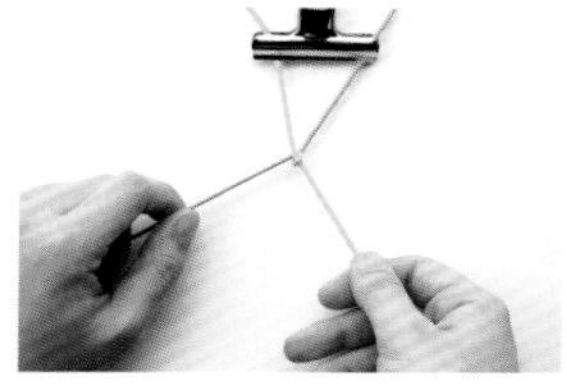

6 松开右手食指，将轴线拽直，然后拉紧结线，让结线在轴线上向上滑动。

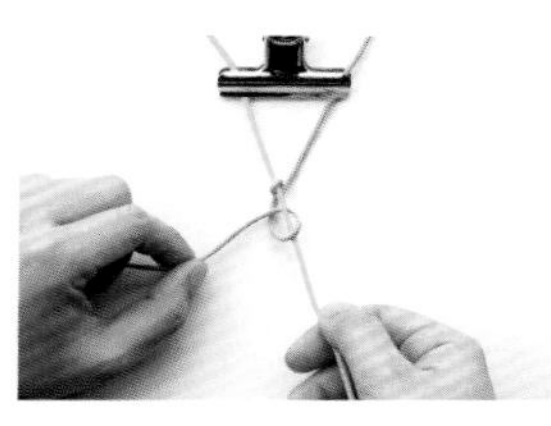

7 按照图示在 6 的结扣下方绕线打结并拽紧结线。

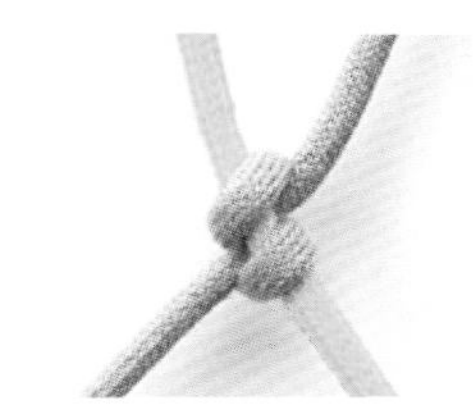

8 一个卷结就完成了（编多个卷结时，将需要数量的结线排列于右侧即可）。

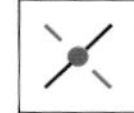

朝左侧编时

用夹子夹住轴线和结线，使轴线在右侧，结线在左侧。左手拿住轴线，右手拿住结线。

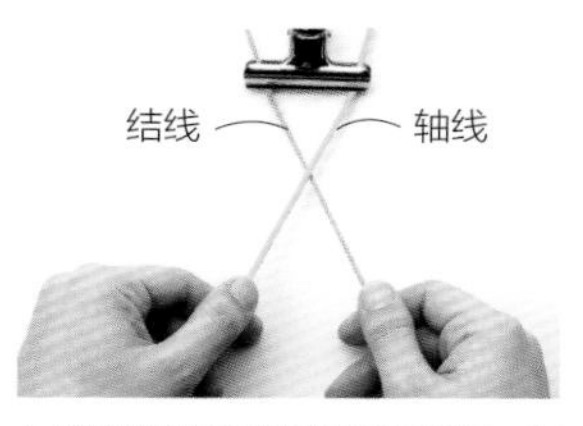

1 将轴线与结线交叉拿在左、右手中，左手轴线置于右手结线上方。

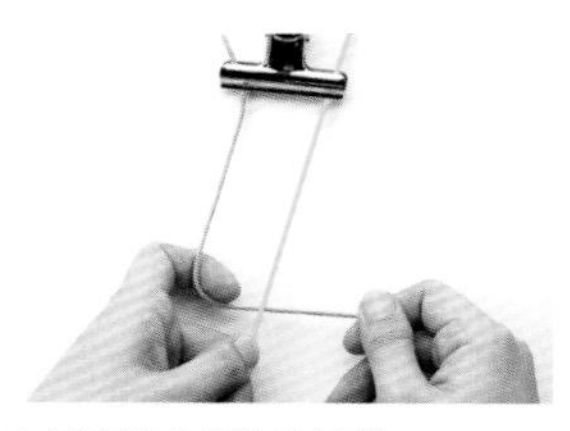

2 用左手食指钩住结线。

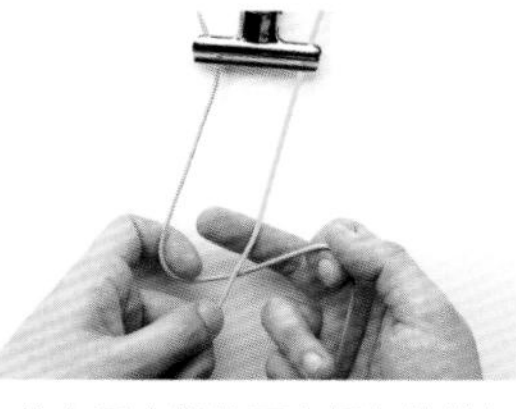

3 将右手中指从下方插入轴线与结线的中间。

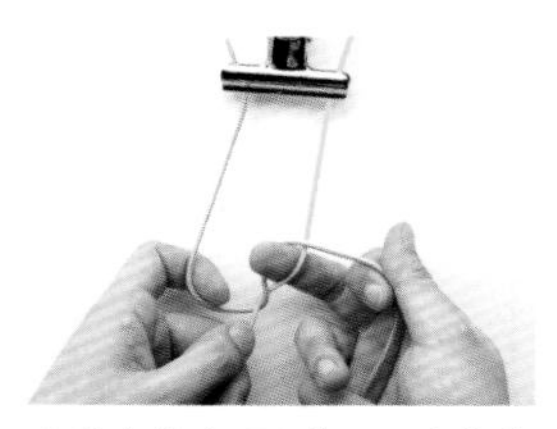

4 向前弯曲右手中指，用中指指甲一侧挑起结线。

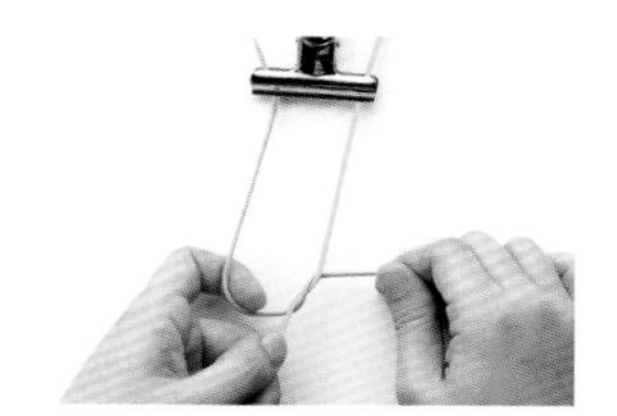

5 将结线经上方向下拉出。

6 松开左手食指，将轴线拽直，然后拉紧结线，让结线在轴线上向上滑动。

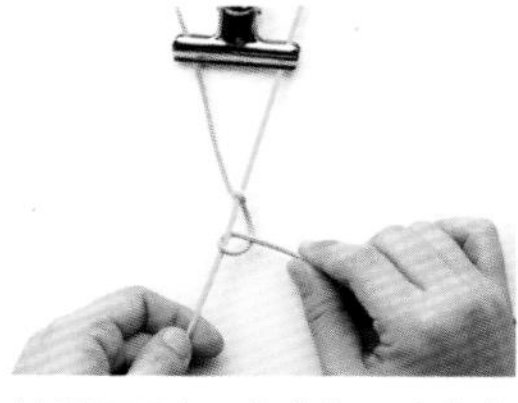

7 按照图示在 6 的结扣下方绕线打结并拽紧结线。

8 一个卷结就完成了（编多个卷结时，将需要数量的结线排列于左侧即可）。

◎ 反卷结

将轴线握在编结行进方向一侧的手中。轴线要一直攥紧，不要离手。
根据轴线角度的不同，可以自由改变结扣的方向（参照 P77）。

朝右侧编时

用夹子夹住轴线和结线，使轴线在左侧，结线在右侧。右手拿住轴线，左手拿住结线。

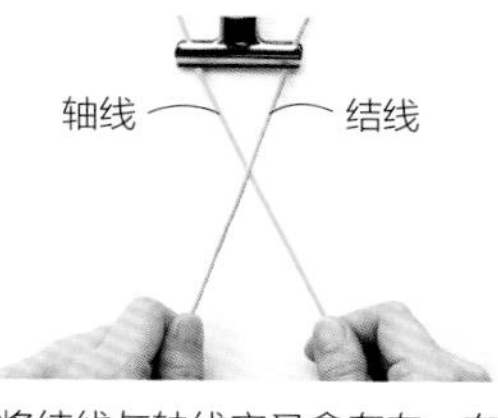

1 将结线与轴线交叉拿在左、右手中，右手中的轴线置于左手结线的下方。

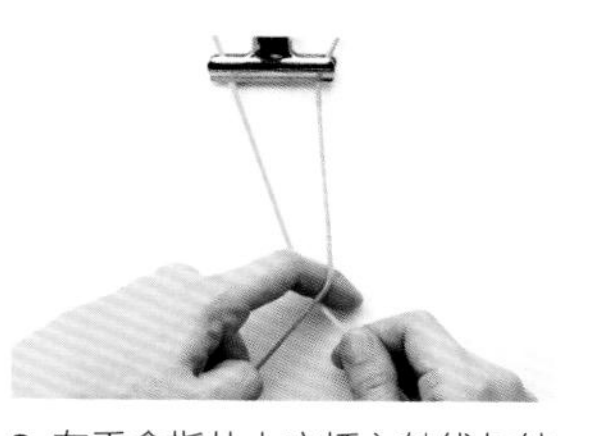

2 左手食指从上方插入轴线与结线的中间。

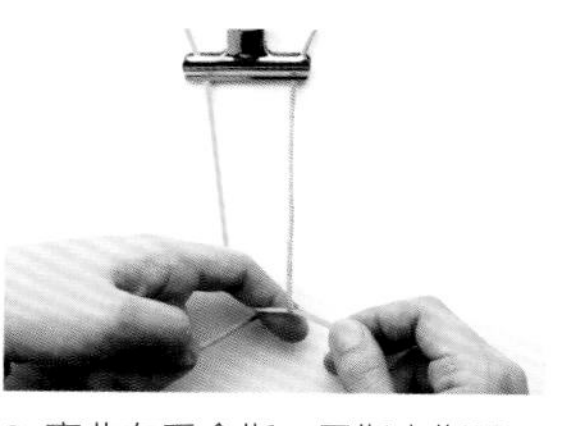

3 弯曲左手食指，用指尖指甲一侧钩住结线。

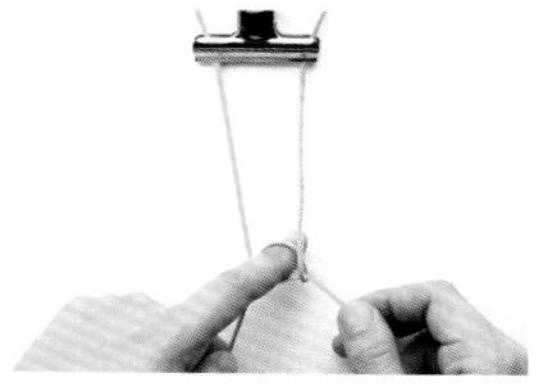

4 将结线经下方向上挑起。

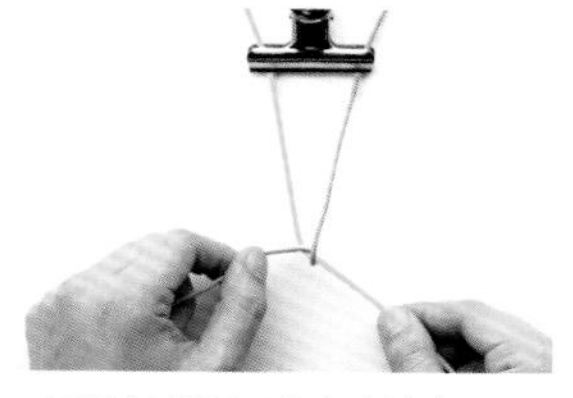

5 再将结线经下方向上拉出。

6 将轴线拽直，然后让结线在轴线上滑动，拉紧结线。

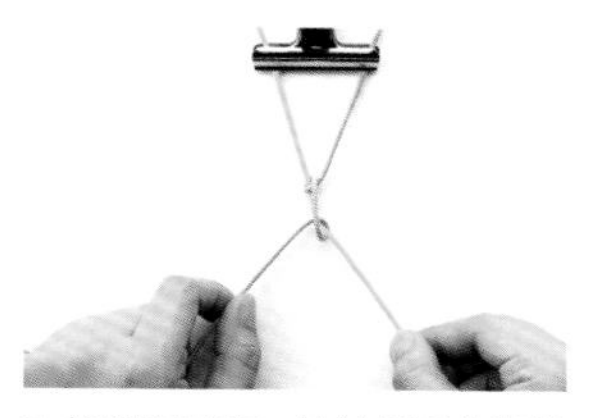

7 按照图示在 6 的结扣下方绕线打结并拽紧结线。

8 一个反卷结就完成了（编多个反卷结时，将需要数量的结线排列于右侧即可）。

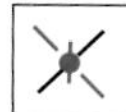

朝左侧编时

用夹子夹住轴线和结线，使轴线在右侧，结线在左侧。左手拿住轴线，右手拿住结线。

1 将轴线与结线交叉拿在左、右手中，左手中的轴线置于右手结线下方。

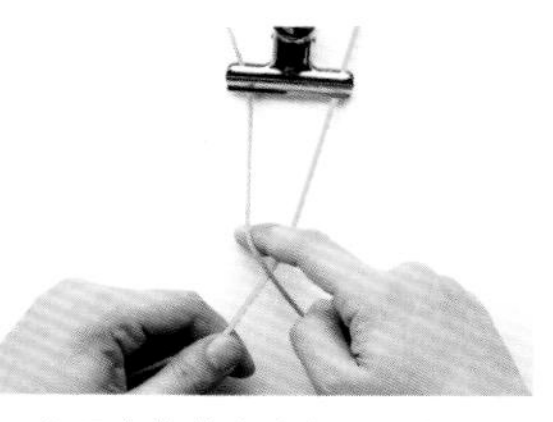

2 右手食指从上方插入轴线与结线的中间。

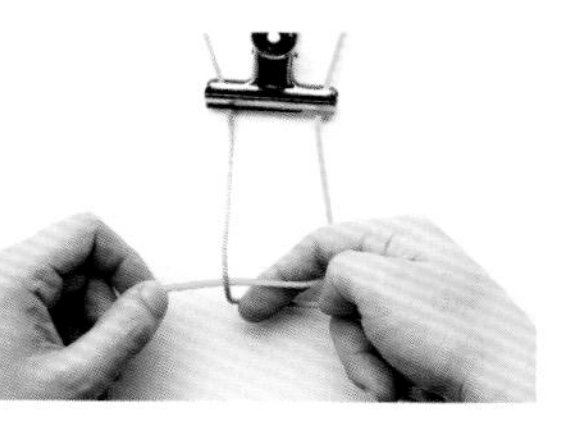

3 弯曲右手食指，用指尖指甲一侧钩住结线。

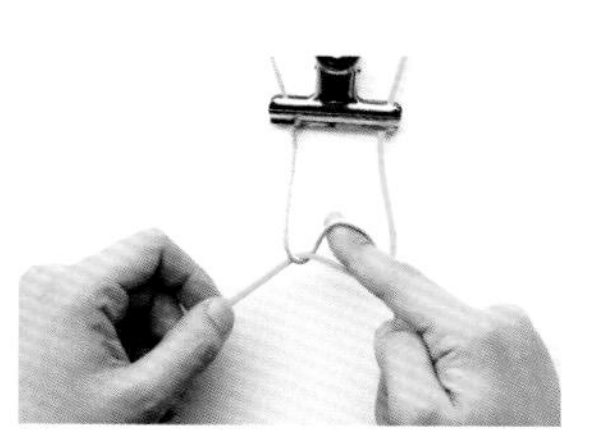

4 将结线经下方向上挑起。

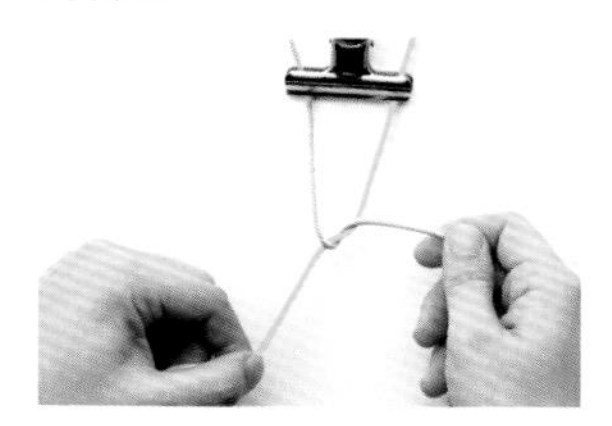

5 然后把结线经下方向上拉出。

6 将轴线拽直，让结线在轴线上滑动，拉紧结线。

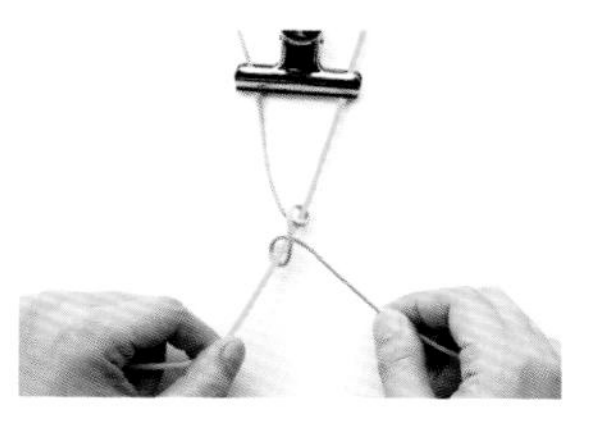

7 按照图示在 6 的结扣下方绕线打结并拽紧结线。

8 一个反卷结就完成了（编多个反卷结时，将需要数量的结线排列于左侧即可）。

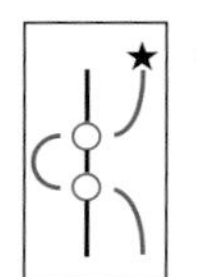

线结

如图所示，用夹子夹住轴线和结线，使轴线在左侧，结线在右侧。
每编完一个结，换手拿轴线和结线（参照 P78）。

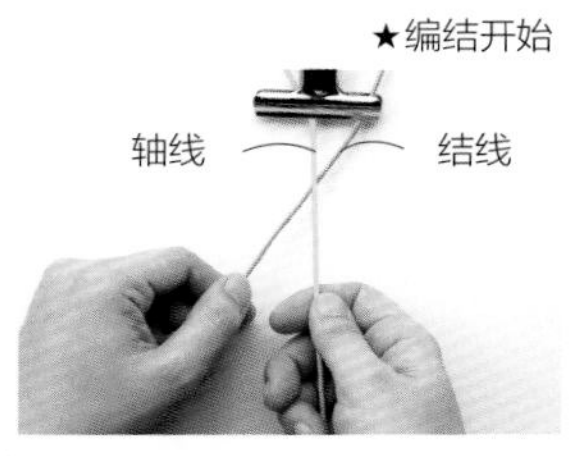

1 将结线与轴线交叉拿在左、右手中，右手中的轴线垂直拉向下方，置于左手结线上方。

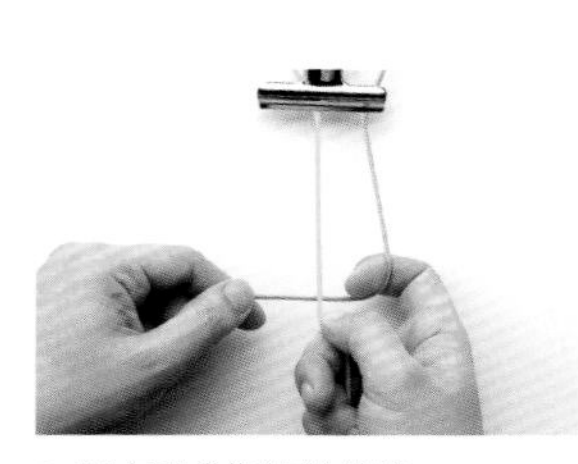

2 用右手食指钩住结线。

3 左手中指从下方插入轴线与结线的中间。

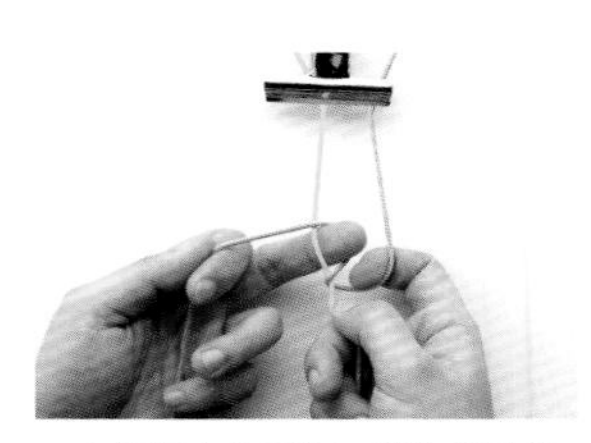

4 中指指尖的指甲一侧钩起结线。

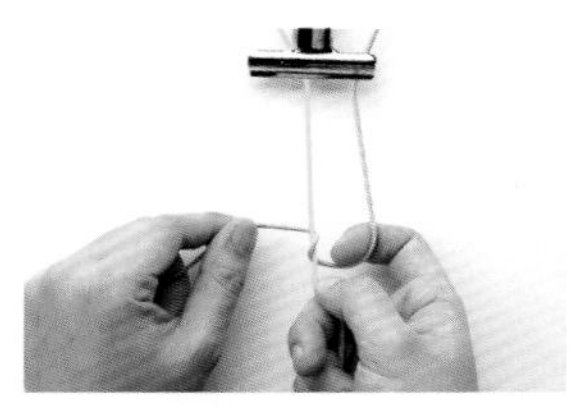

5 然后将结线经上方向下拉出。

6 松开右手食指，将轴线拽直，让结线在轴线上滑动，拉紧结线。一个线结就完成了。

从右侧向左侧编一个线结。

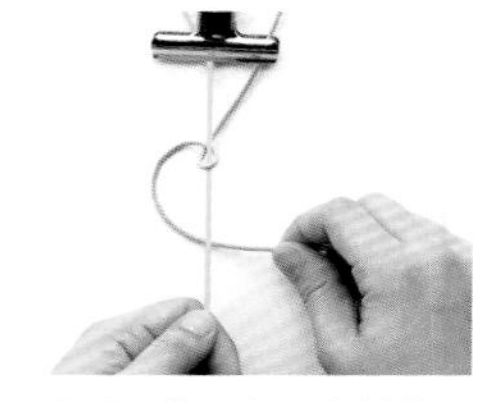

7 左、右手互换，左手拿轴线，右手拿结线，将左手中的轴线向下垂直拉住，置于右手结线上方。

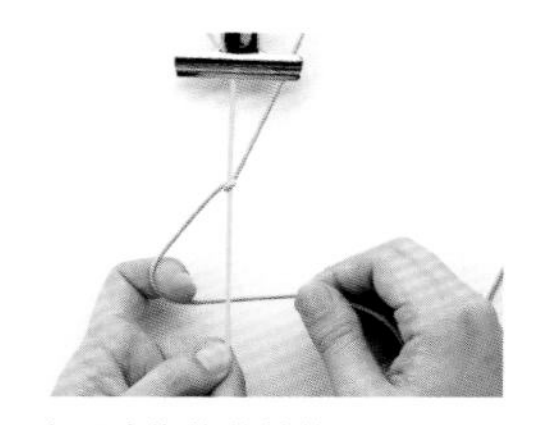

8 用左手食指钩住结线。

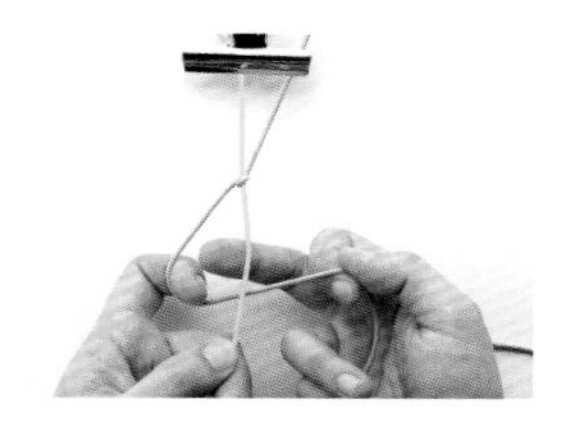

9 右手中指从下方插入轴线与结线的中间。

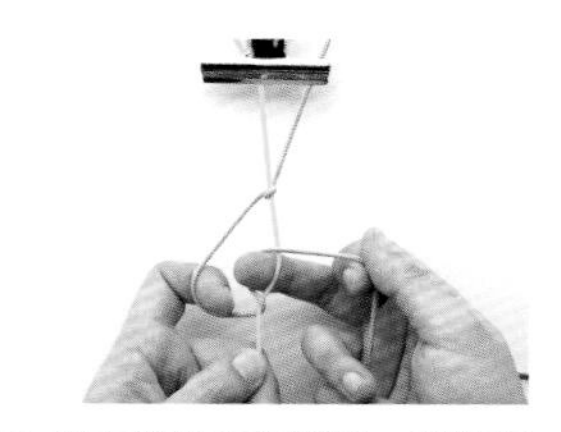

10 用中指指尖的指甲一侧钩起结线。

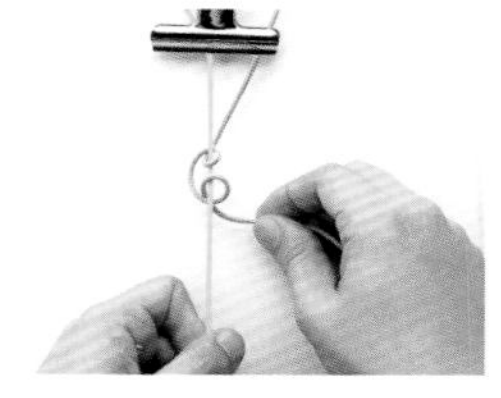

11 松开左手食指，将结线经上方向下拉出。

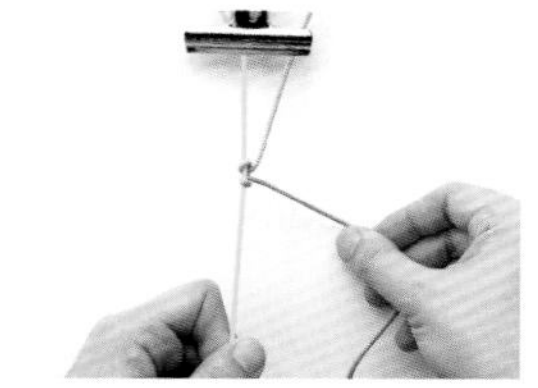

12 将轴线拽直，让结线在轴线上滑动，拉紧结线。再次完成一个线结。

由左侧向右侧编一个线结，合计完成两个线结。

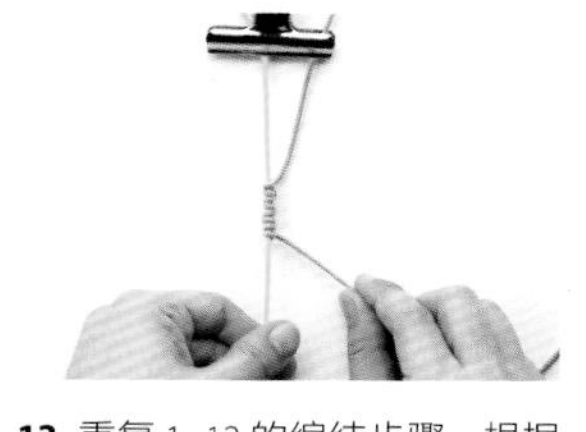

13 重复 1~12 的编结步骤。根据最初结线位置的不同（图示★标记），编结方向会发生改变，一定要特别注意。

纵型单层边框 No.32、No.33、No.34、No.35

► P30、P31

石头包边的基本编结技法

按照石头的大小，用雀头结完成单层边框的编结。

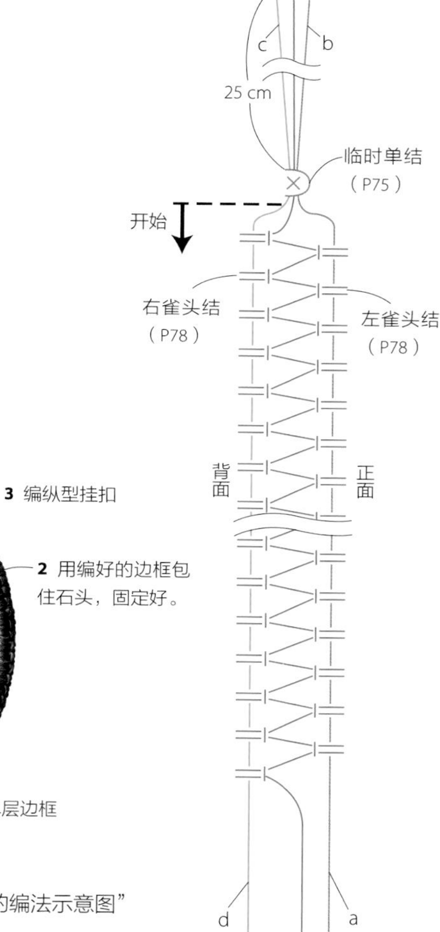

● 材料

✚ 蜡线（Linhasita）

No.32⋯ 淡茶色（511）　结线 250cm × 1 条
　轴线 A 70cm × 1 条　轴线 B 70cm × 1 条

No.33⋯ 深绿色（691）　结线 190cm × 1 条
　轴线 A 60cm × 1 条　轴线 B 60cm × 1 条

No.34⋯ 灰色（208）　结线 210cm × 1 条
　轴线 A 60cm × 1 条　轴线 B 60cm × 1 条

No.35⋯ 米色（1046）　结线 160cm × 1 条
　轴线 A 60cm × 1 条　轴线 B 60cm × 1 条

✚ 天然石

No.32⋯ 疯狂玛瑙（35mm × 20mm：石头周长约 9cm，厚度 5.3mm）1 个

No.33⋯ 凤凰石（23mm × 18mm：石头周长约 6cm，厚度 4.5mm）1 个

No.34⋯ 琥珀（22mm × 13.5mm：石头周长约 5.8cm，厚度 7mm）1 个

No.35⋯ 青金石（19mm × 15mm：石头周长约 5cm，厚度 5mm）1 个

✚ 其他配料

金属珠子（marchen art） 极小 青铜（AC1643）1 个

● 成品尺寸

No.32⋯ 长度 4.2cm　No.33⋯ 长度 3cm

No.34⋯ 长度 3cm　No.35⋯ 长度 2.7cm

编法步骤

3 编纵型挂扣

2 用编好的边框包住石头，固定好。

1 编单层边框

● 单层边框的石头包边（纵型挂扣）

请按“编法步骤”的顺序完成。参照照片所示将绳线准备好，按照“单层边框的编法示意图”编结。用单层边框将石头包住，固定好。按“纵型挂扣的编法”（P43）最终完成。

一、编结单层边框

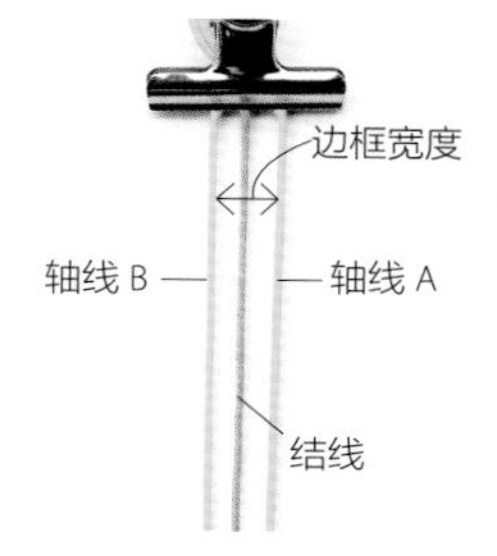

1 轴线 B、结线、轴线 A 分别取 25cm 长，在端点临时编个单结（P75），用夹子夹在临时单结处，使得轴线 B 与轴线 A 中间留出边框宽度（参照右表）。

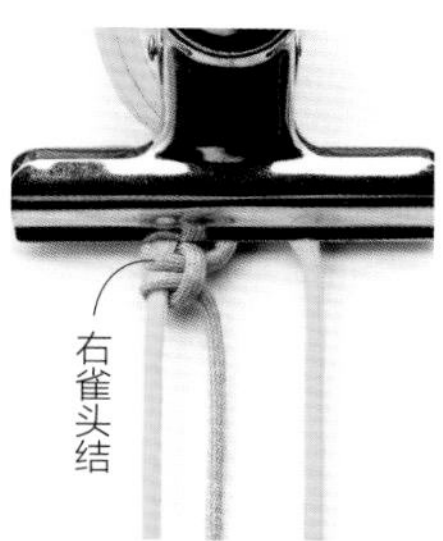

2 以轴线 B 为轴，用结线编一个右雀头结（P78）。

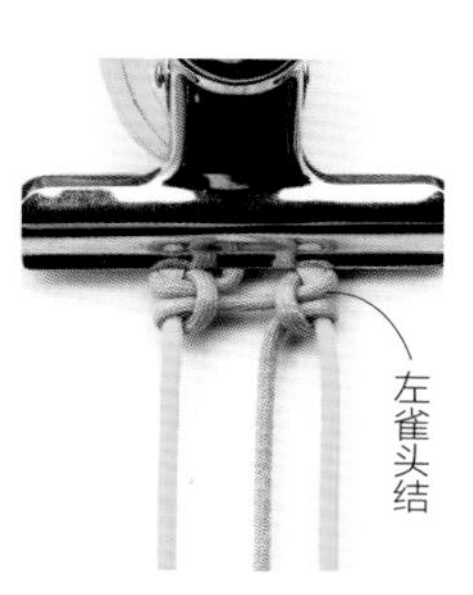

3 留出边框宽度，以轴线 A 为轴，用结线编一个左雀头结（P78）。

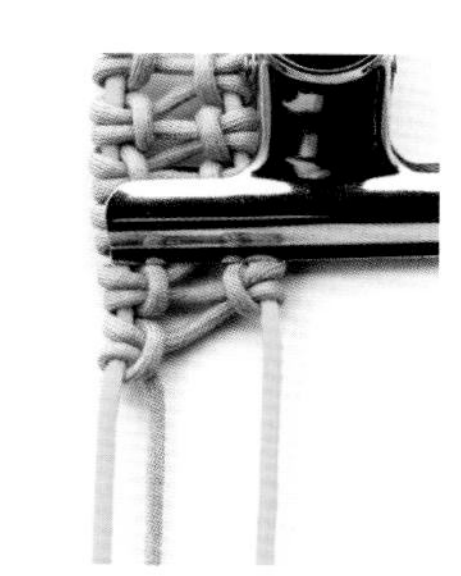

4 注意边框的宽度不宜过窄。重复 **2** 和 **3** 的步骤，编到一定程度后，可调整夹子的位置，以保证上下边框宽度一致。

编结长度比石头周长（参照材料）少两个结扣即可。边框宽度参照下表。

作品	边框宽度
No.32	8~9mm
No.33	6mm
No.34	8~9mm
No.35	6mm

接P42

※为了让大家更容易理解图示，我们改变了绳线的种类、颜色，变换了天然石、珠子的素材并加以说明。

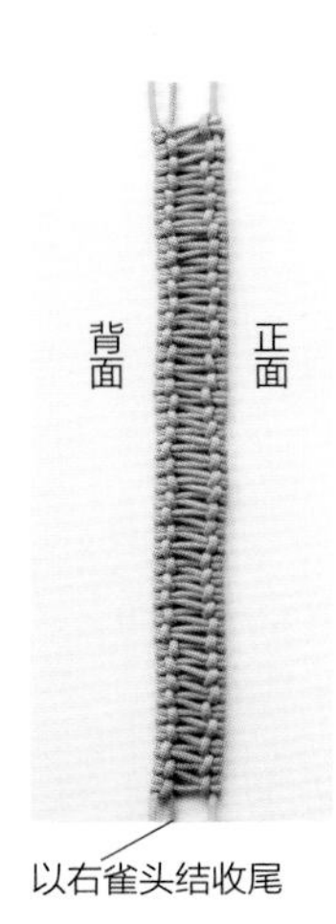

5 要编得密集紧凑，以右雀头结收尾。单层边框的编结长度比天然石周长要短两个结扣左右。
※ 编结次数根据紧凑程度会有所不同。

二、嵌入石头，包住固定

1 将石头放入编好的单层边框中，让轴线 B 置于天然石的背面，轴线 A 置于天然石的正面。拉紧轴线 A 和 B 确认边框是否与石头吻合。
※ 长度不太合适时，可以通过增减结扣数量来进行调整。

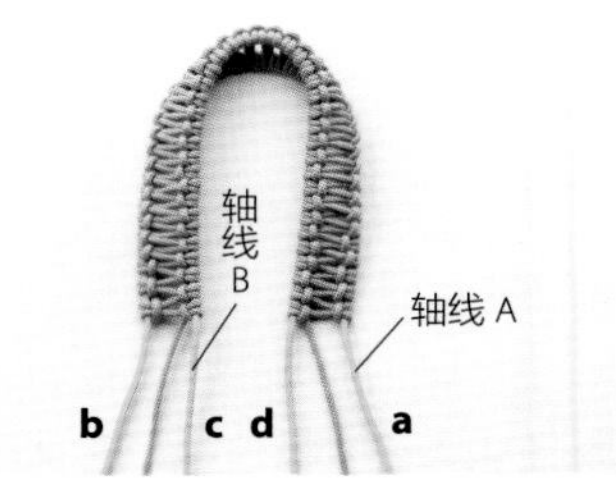

2 边框长度调整合适后，将临时编的单结松开，调整编好的整个边框的结扣使其紧凑均匀，按住结扣拉紧轴线，使两条轴线两端的长度保持一致。结线两端也保持同等长度，轴线 B 侧朝上。

背面的石头包边固定方法

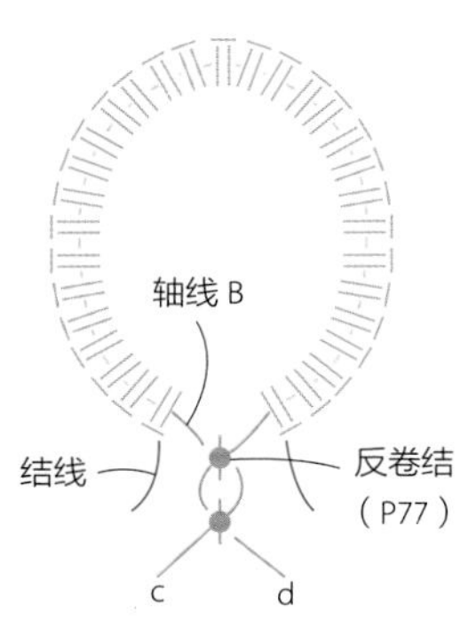

松开最初临时编的单结，在还没有放入石头的状态下，用轴线B的两端（c、d）编一个反卷结，然后将石头放入试试大小是否合适，再编一个反卷结。

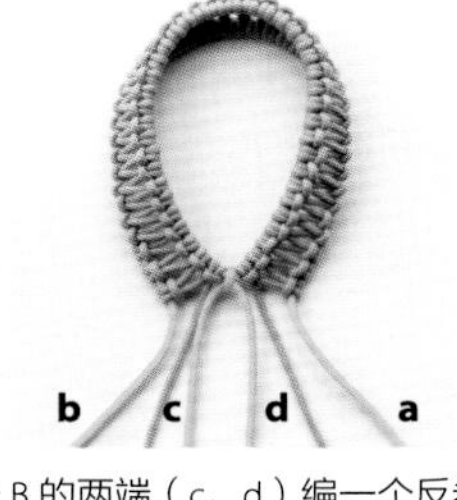

3 用轴线 B 的两端（c、d）编一个反卷结，使边框呈一个圆环。

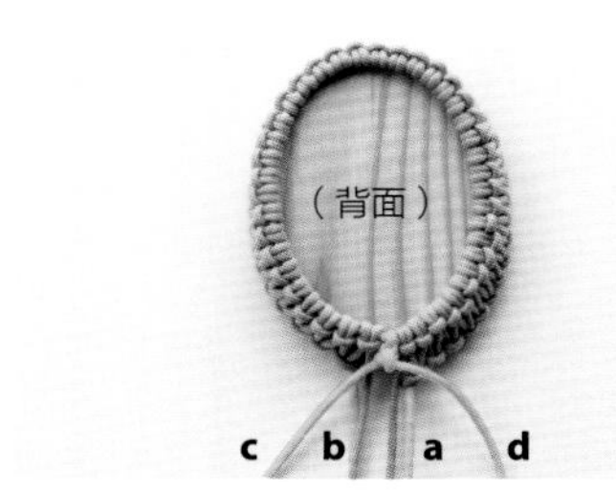

4 从天然石的背面用步骤 3 编好后的边框包住，确定边框长度小于石头周长，然后编第 2 个反卷结。

失败案例

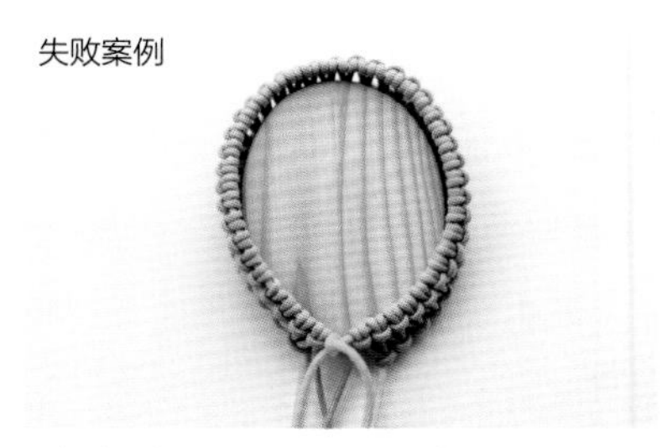

边框编得较松，天然石很容易掉出来。

正面的石头包边固定方法

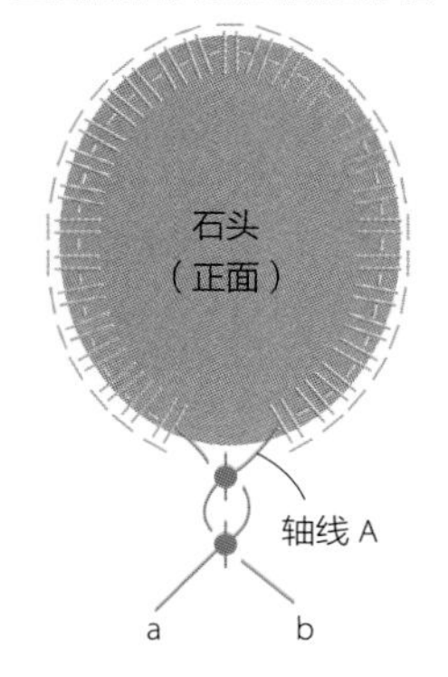

将石头正面朝上，放在编好的边框中，用轴线A的两端（a、b）编两次反卷结。

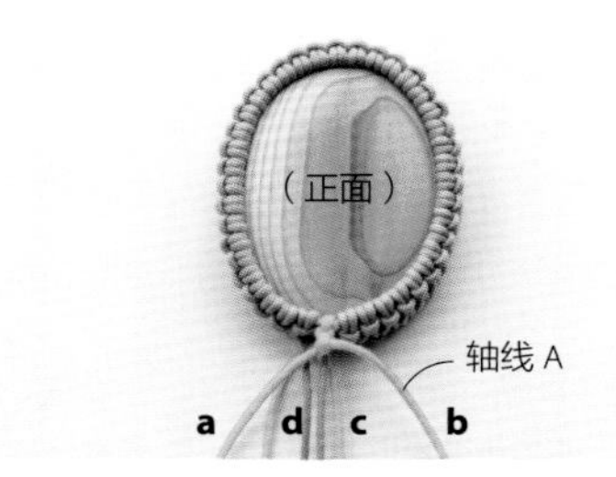

5 拉紧轴线 A，将其置于上侧，调整天然石的位置，使其牢固地嵌于边框中。用轴线 A 的两端（a、b）编两次反卷结，形成圆环，将天然石紧实地包在边框里。

纵型挂扣的编法

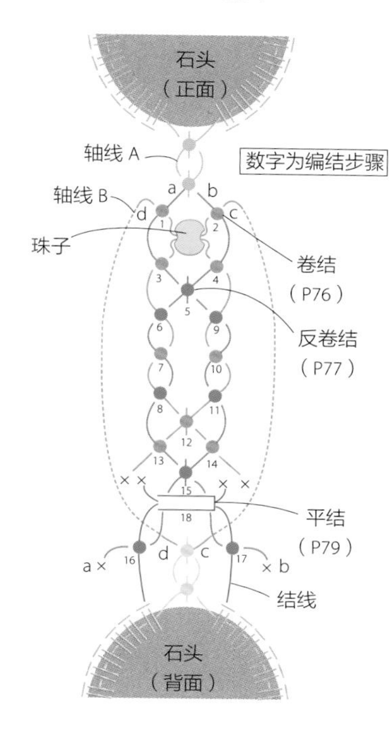

用正面、背面的轴线（a~d）编结。编到 15 时，翻至背面，以结线为轴，在 15 附近编卷结（16、17）。将结线拉紧，使编好的挂扣部分形成一个圆环，然后以挂扣后侧 15 结扣处为轴，用结线编一个平结。线端烧结收尾。

× = 将线剪断，烧结收尾（P37）

三、编纵型挂扣

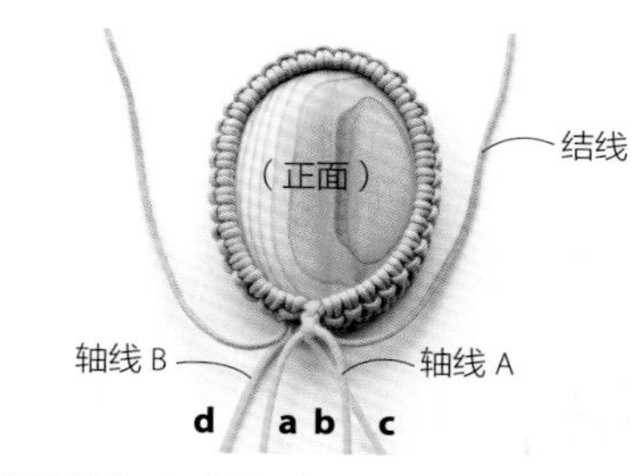

1 正面朝上，用轴线 A（a、b）和轴线 B（c、d）两端 4 条线，按图示将珠子穿好，编结挂扣部分。

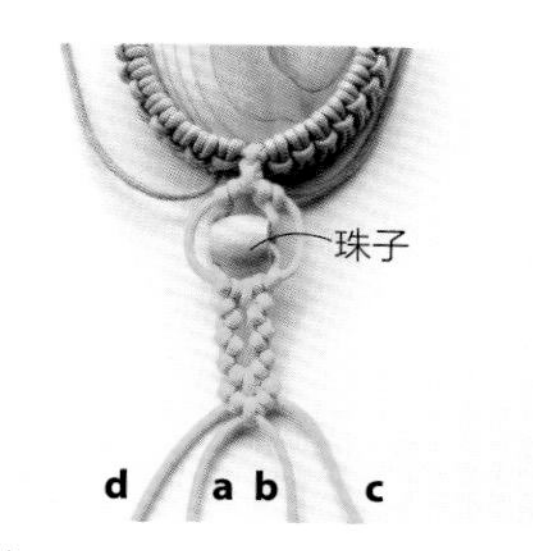

2 用轴线 a、b、c、d 编卷结和反卷结，按图示一直编至 15。

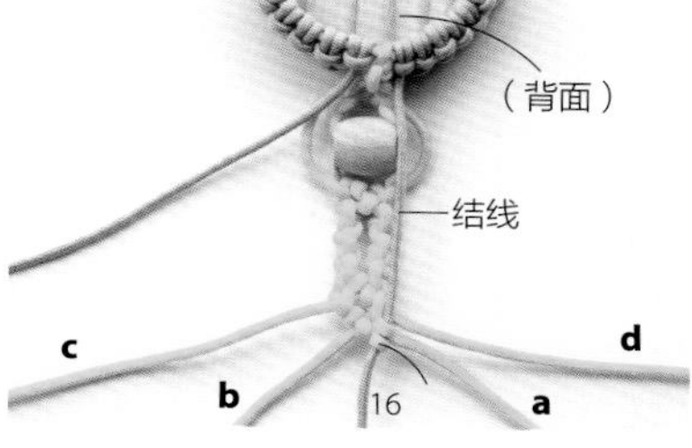

3 翻面，让背面朝上，以结线为轴，用 a 线编卷结（图示 16）

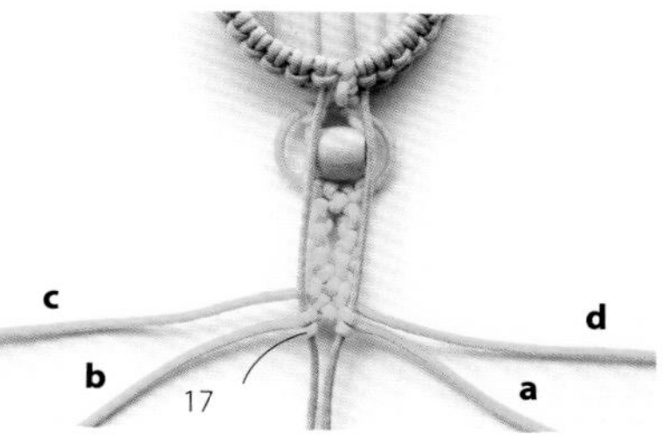

4 以另外一条结线为轴，用 b 线编卷结（图示 17）。

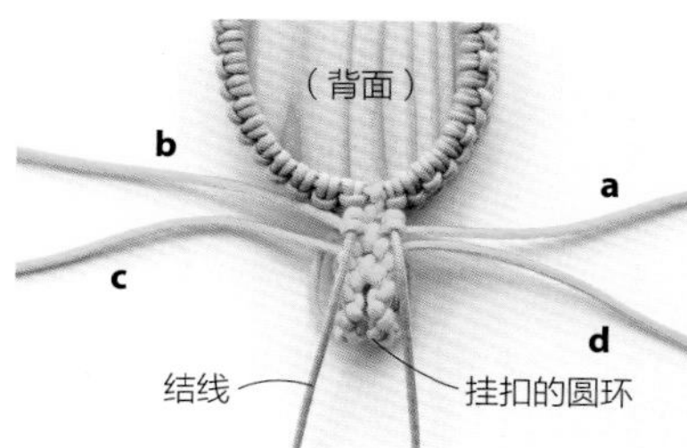

5 拉紧结线，使挂扣部分形成一个圆环。

侧面效果图

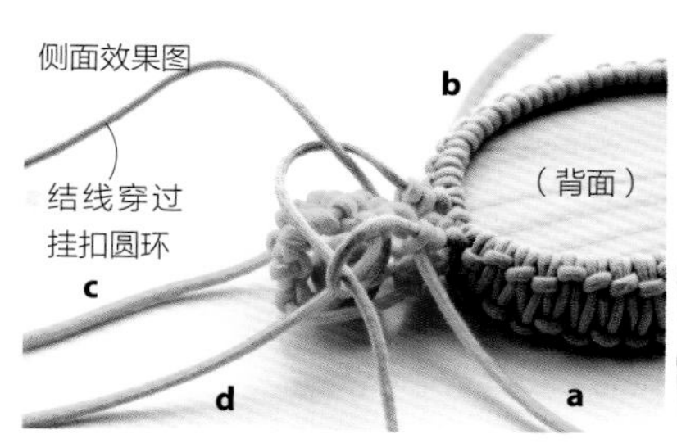

6 将结线穿过挂扣的圆环，以挂扣后侧为轴，用结线编一个平结。（图示 18）

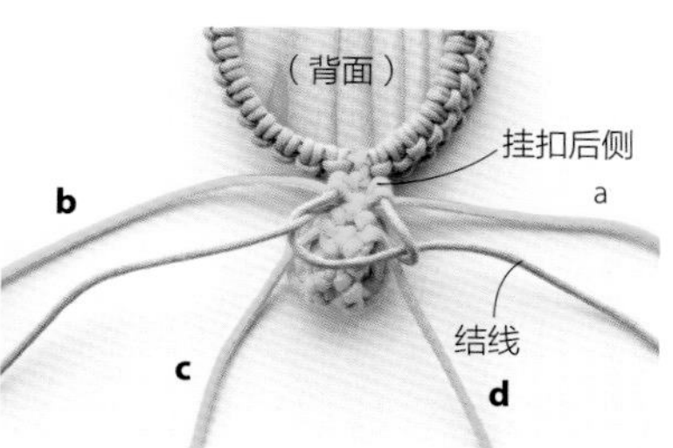

7 a、b、c、d 线与结线的两端留出 1~2mm，然后剪齐，烧结收尾。

完成（正面）

简约型双层边框 No.40、No.41

► P32、P33

在单层边框上，再用线结叠加一层，就可以完成一个带有装饰性的双层边框石头包边。

材料

✚ 蜡线（Linhasita）

No.40… 米色（PALHA） 结线 A 160cm × 1 条
轴线 A、B 60cm × 各 1 条
淡茶色（214） 结线 B 100cm × 1 条 轴线 C 60cm × 1 条

No.41… 茶色（515） 结线 A 160cm × 1 条
轴线 A、B 60cm × 各 1 条
深茶色（593） 结线 B 100cm × 1 条 轴线 C 60cm × 1 条

✚ 天然石

No.40… 玫瑰石英（18mm × 13mm：石头周长约 5cm，厚度 8.6mm）1 个
No.41… 绿松石（22mm × 19mm：石头周长约 6.5cm，厚度 6mm）1 个

✚ 其他配料

金属珠子（marchen art） 极小 青铜（AC1643）1 个

成品尺寸

No.40… 长度 3.3cm
No.41… 长度 3.8cm

双层边框的石头包边

按照“编法步骤”的顺序完成。参照单层边框石头包边的编法（P41~P43）和“编法示意图”，先编单层边框。在此基础上，再编好双层边框，包住石头，将石头嵌入固定好，即完成。

编法步骤

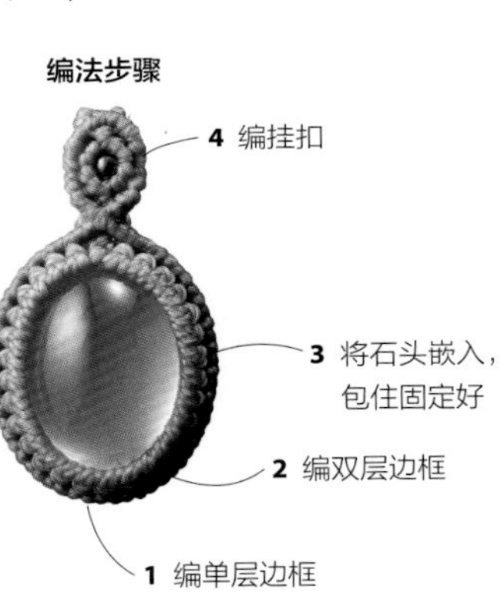

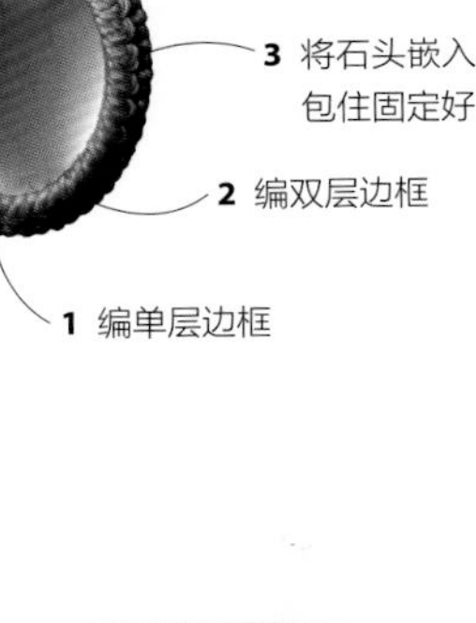

一、编单层边框

与 P41 记载的“编结单层边框”的 1~5 要领相同。最后以右雀头结终结，编结长度是天然石周长的 80% 左右。

二、编双层边框

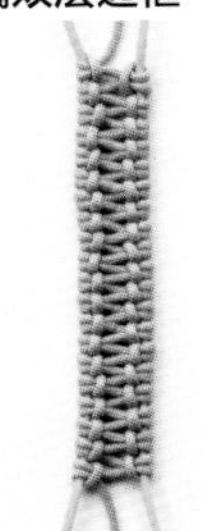

1 单层边框编结完成。

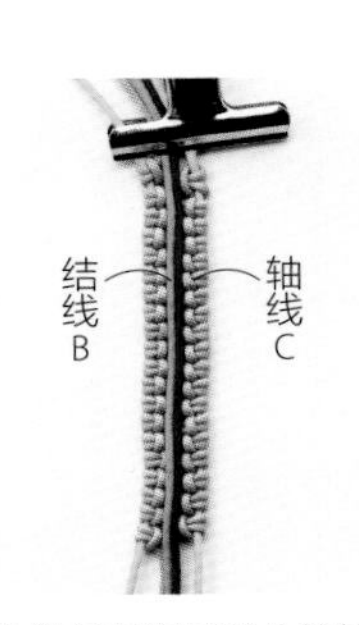

2 先准备好双层部分的结线。线的一端留出 20cm，用夹子夹住结线 B（橙色）和轴线 C（蓝色），结线 B 在左侧，轴线 C 在右侧。

3 用结线 B 编三个线结。

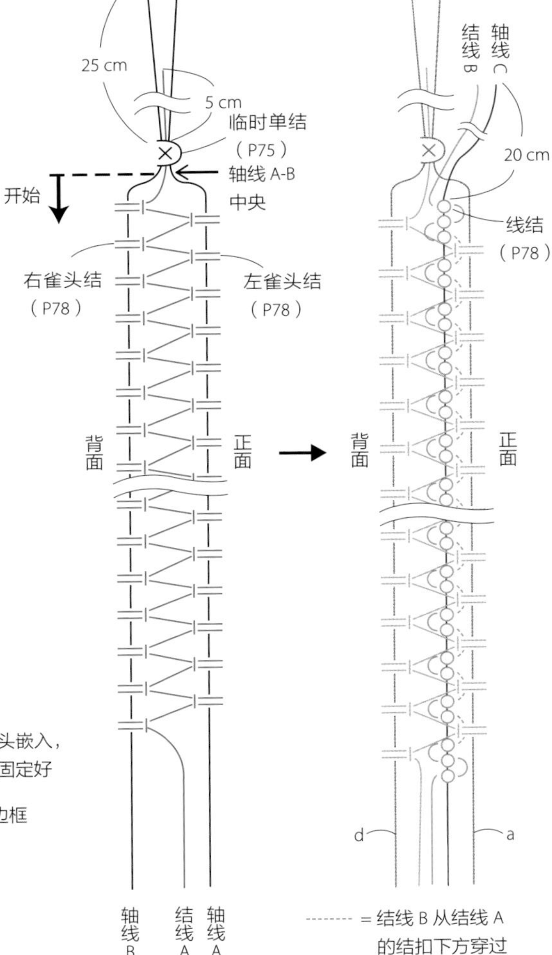

先编出大约石头周长（参照材料）80% 的长度。边框宽度参照下面的表格。

作品	边框宽度
No.40	9~10 mm
No.41	7~8 mm

在上方加入结线 B 和轴线 C，在雀头结之间编线结

No.41的绳链参照P59

 ※为了让图示更容易理解，我们改换了绳线的种类、颜色、素材等，并加以说明。

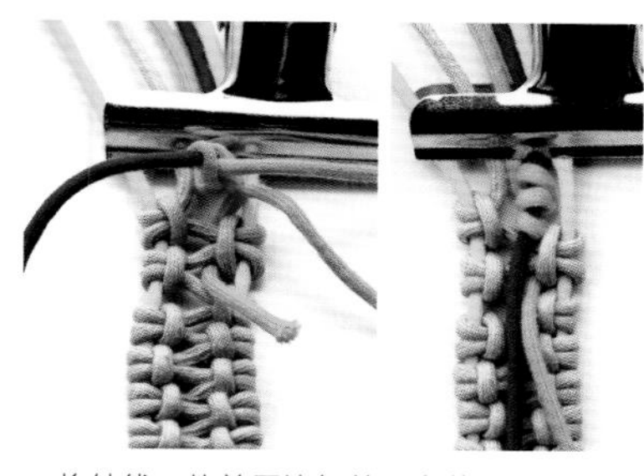

4 将结线 B 从单层边框的两条线下方穿过并拉出（雀头结能够移动，因此可以留出穿插线的空间）。

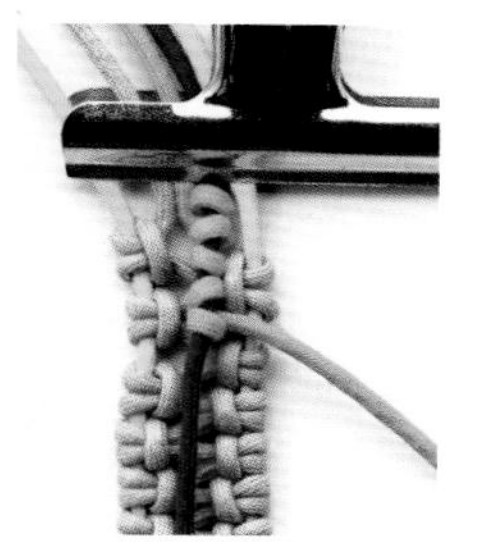

5 接下来，编两个线结。

6 重复 **4**、**5** 的编法，达到所需长度后，编三个线结终结收尾。

三、嵌入石头，包住固定

参考 P42 的“二、嵌入石头，包住固定”中 **1~5** 的做法，按照下图所示编结。

背面的石头包边固定方法

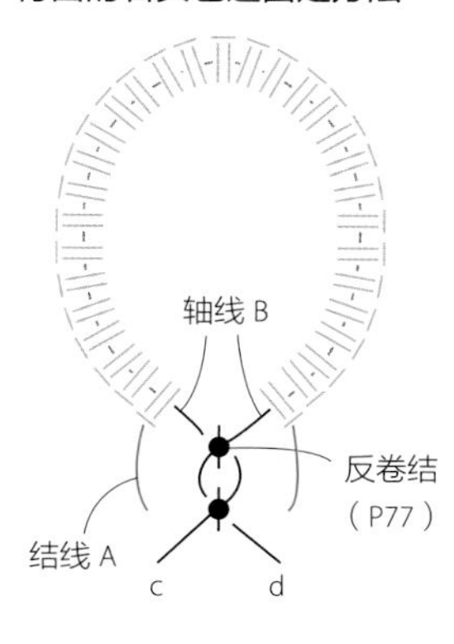

将临时编的单结松开，在没有放入石头的状态下，用轴线 B 的两端（c、d）编一个反卷结，然后将石头嵌入框中试试大小，确定合适后，再编第 2 个反卷结。

正面的石头包边固定方法

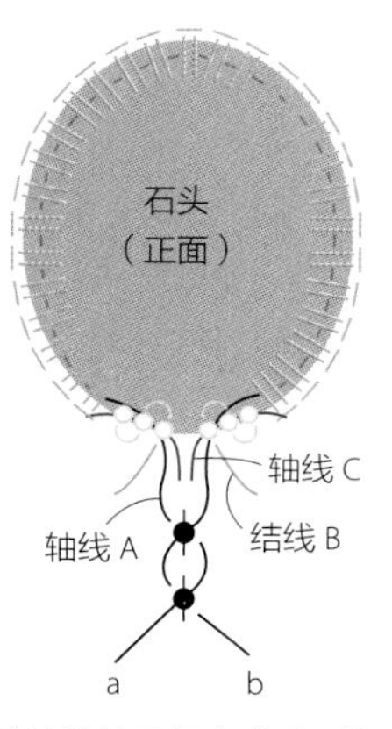

确认线结已经完成后，将石头翻至正面，嵌入框中，用轴线 A 的两端（a、b）编两个反卷结。

四、编挂扣

参考 P43“编纵型挂扣”**1~7** 的做法，按照下图所示编结。

挂扣的编法

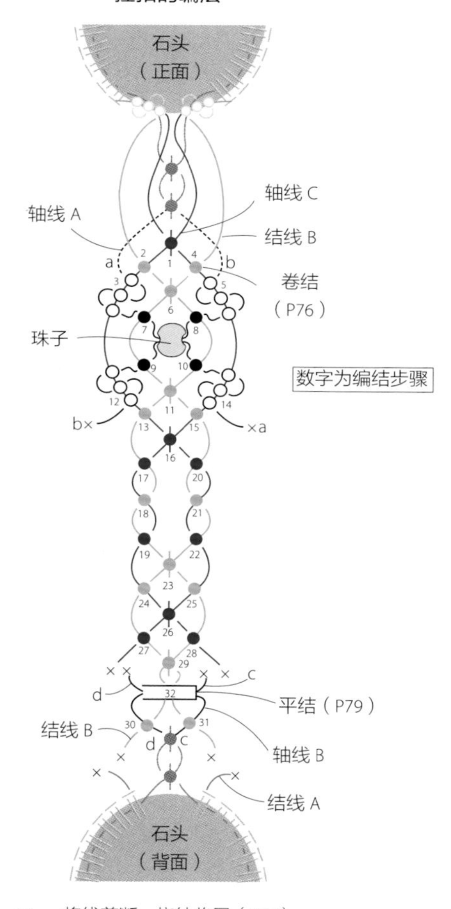

× = 将线剪断，烧结收尾（P37）

-------- = 线从编结绳线下方穿过

用正面的结线 B、轴线 C、轴线 A（a、b）编至 29，然后以轴线 B（c、d）为轴，在 29 附近编卷结（30、31）。然后拉紧轴线 B，形成一个圆环挂扣。再翻至背面，将轴线 B 从挂扣圆环中穿出，以挂扣后侧为轴，用轴线 B（c、d）编一个平结。最后将线头烧结收尾。

波纹 No.10、No.11 ► P12、P13

波纹般的图案，绳线的穿绕方式是重点。

材料

✚ 蜡线（Linhasita）

轴线 70cm × 2 条、线 A~E 160cm × 各 2 条、
线 F 40cm × 2 条、连接部分专用线 40cm × 1 条

No.10 … 茶色（516）轴线、线 A、线 F、收尾用线
卡其色（222）线 B　橙色（234）线 C
深绿色（691）线 D　深卡其色（844）线 E

No.11 … 深卡其色（844）轴线、线 A、线 F、收尾用线
蓝灰色（665）线 B　米色（531）线 C
深藏蓝色（392）线 D　红灰色（664）线 E

✚ 直径为 4mm 的珠子，金色，6 个

成品尺寸

宽 2.5cm　长 约 28cm（最长可延伸长度）

编法

按“编法示意图”的顺序完成。准备好所有的线，依照“编法示意图”编主体部分。然后进行线端收尾处理，开始编时的线端也按同样的方式处理。将两端重叠起来，编连接部分。

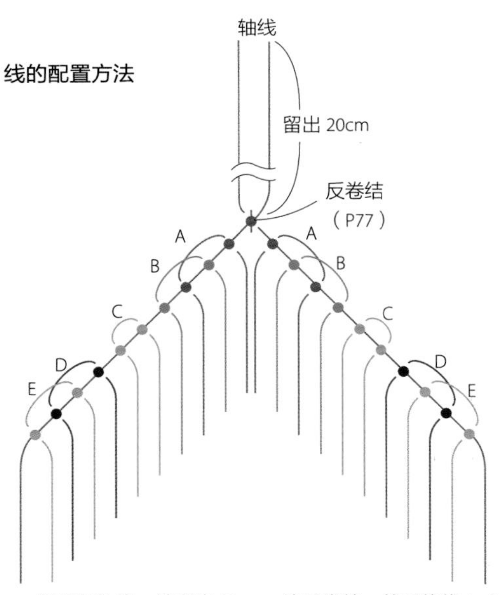

将两条轴线一端留出 20cm，编反卷结，然后将线 A~E 对折，分别接在轴线上（P76），然后在线 A、D 与轴线的结扣间，穿插编入线 B、E。用夹子夹住轴线。

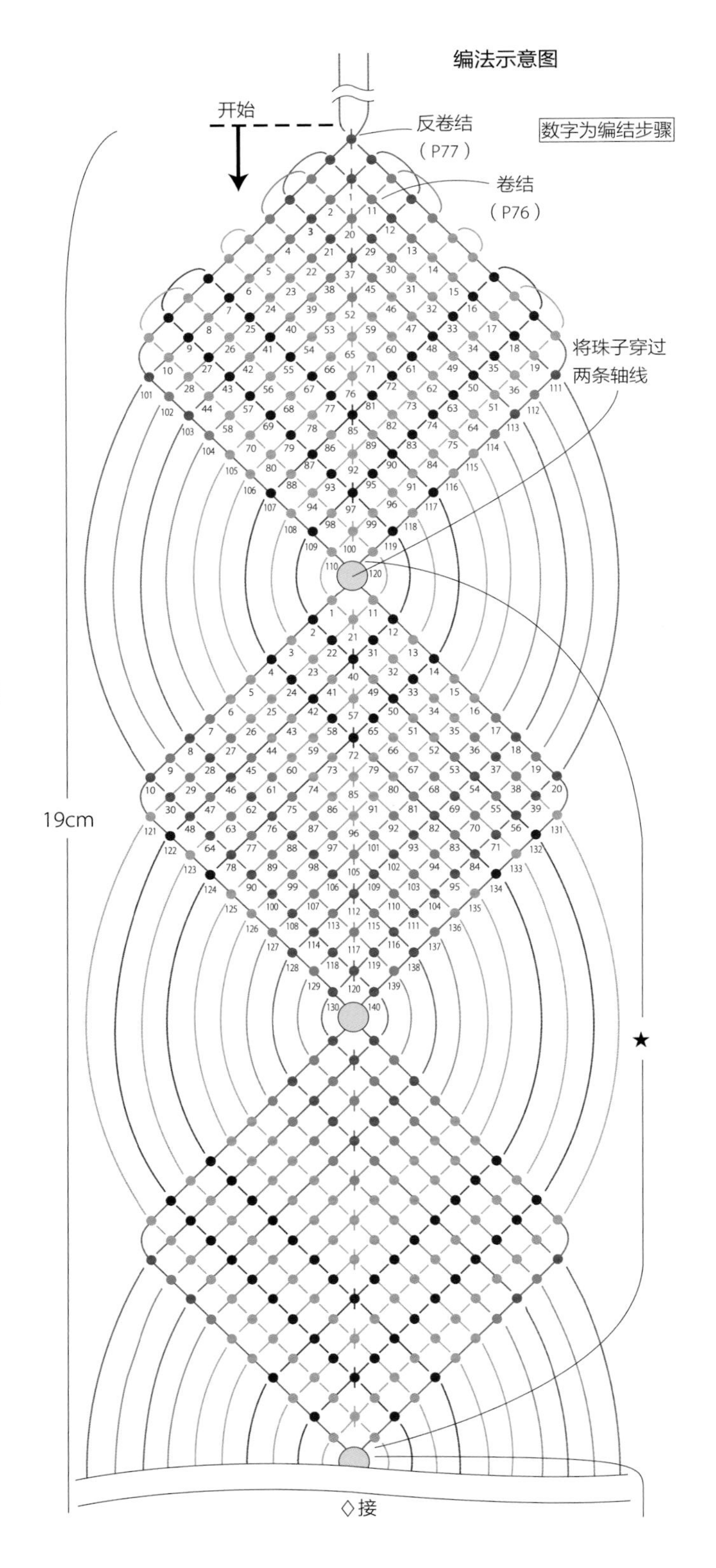

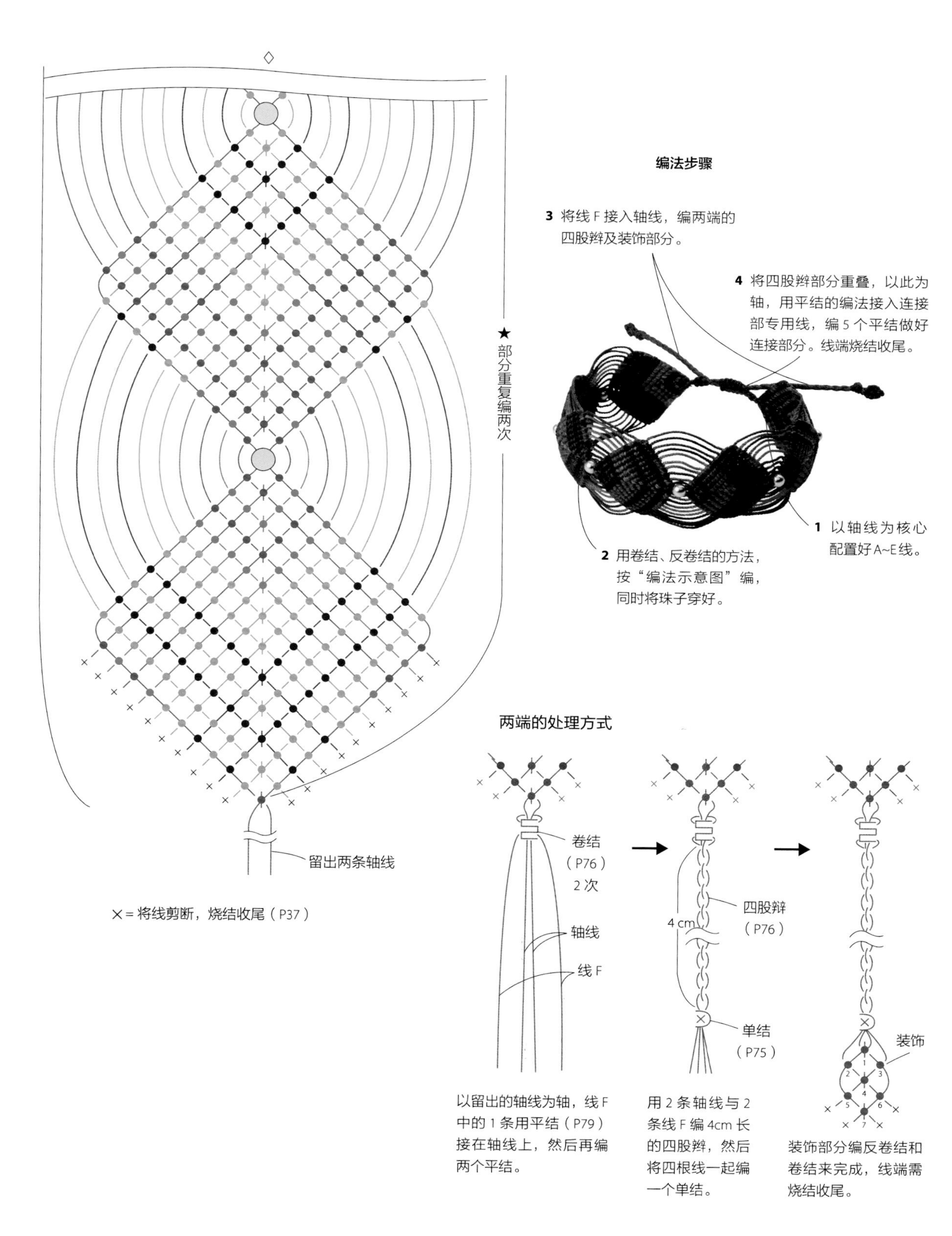
◇
★部分重复编两次
留出两条轴线
×=将线剪断，烧结收尾（P37）
编法步骤
3 将线 F 接入轴线，编两端的四股辫及装饰部分。
4 将四股辫部分重叠，以此为轴，用平结的编法接入连接部专用线，编 5 个平结做好连接部分。线端烧结收尾。
1 以轴线为核心配置好 A~E 线。
2 用卷结、反卷结的方法，按“编法示意图”编，同时将珠子穿好。
两端的处理方式
卷结（P76）2 次
轴线
线 F
4 cm
四股辫（P76）
单结（P75）
装饰
以留出的轴线为轴，线 F 中的 1 条用平结（P79）接在轴线上，然后再编两个平结。
用 2 条轴线与 2 条线 F 编 4cm 长的四股辫，然后将四根线一起编一个单结。
装饰部分编反卷结和卷结来完成，线端需烧结收尾。

在掌心中完成的四股圆形玉米结编法

掌握了在掌心中的编法，编四股圆形玉米结就非常简单了。

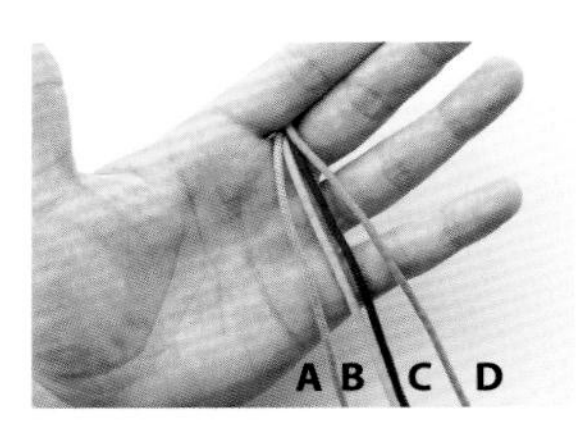

1 将四条线夹在左手食指和中指中间。

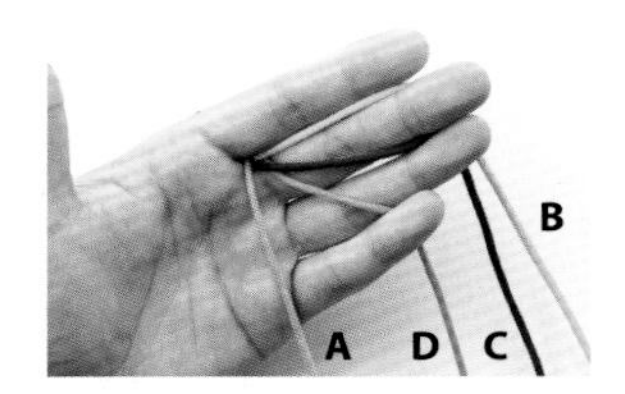

2 按照图片所示，分别将 B 挂于中指，C 挂于无名指，D 挂于小指。

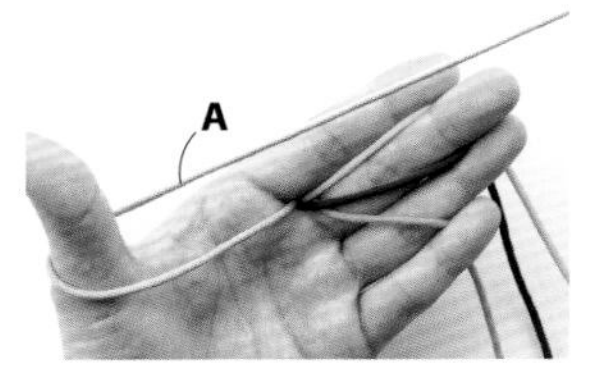

3 如图所示，将线 A 绕过拇指。

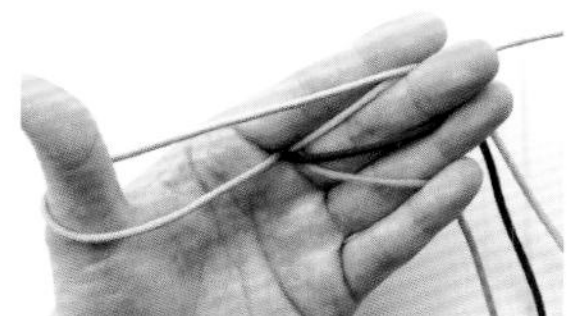

4 再将线 A 挂于中指上。

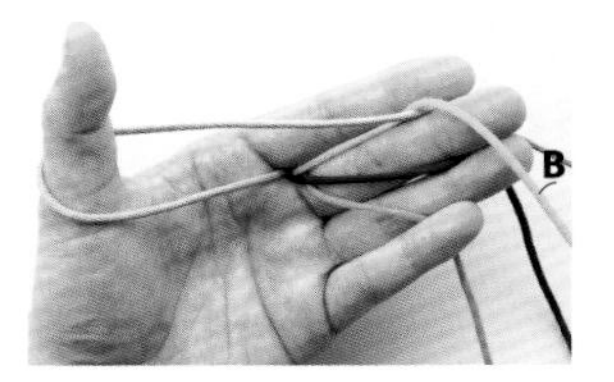

5 将挂在中指上的线 B 压过线 A 拉出。

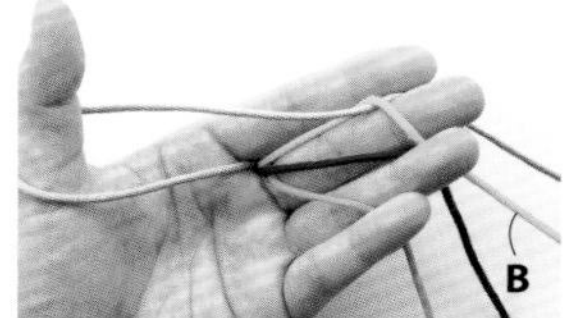

6 再将线 B 压在无名指下方。

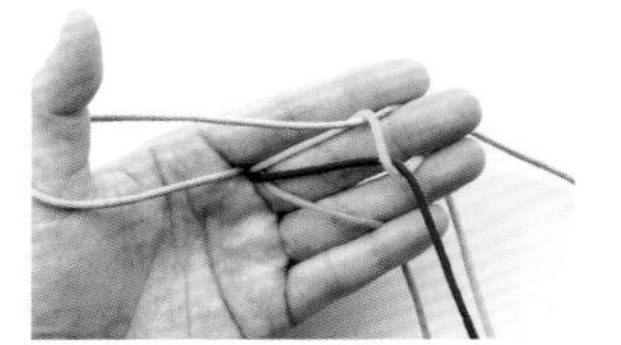

7 将挂于无名指上的线 C 压过线 B 拉出。

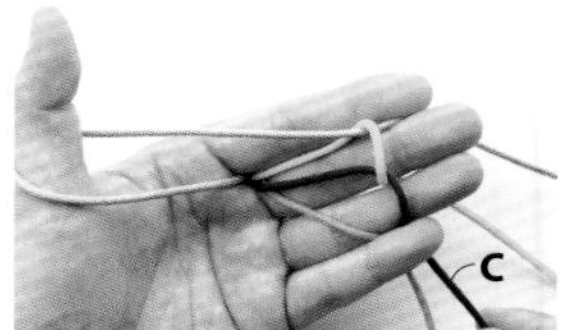

8 再把线 C 压于小指下方。

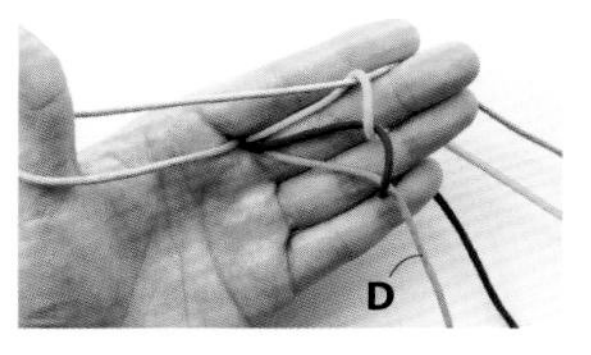

9 将挂在小指上的线 D 压过线 C 拉出。

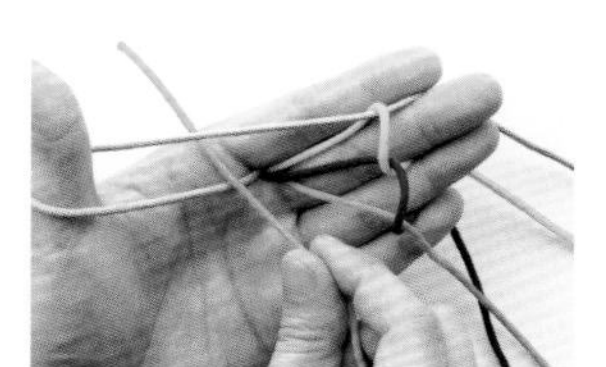

10 再将线 D 插入线 A 所绕的圈中。

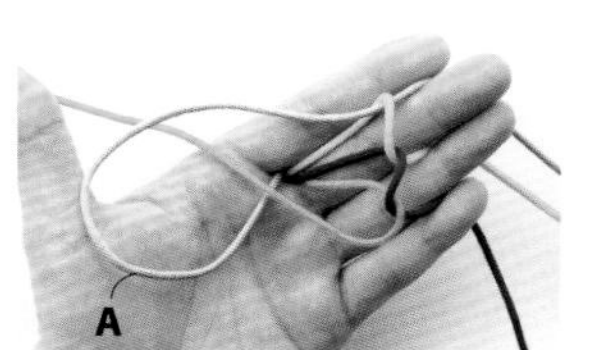

11 然后把线 A 从拇指上取下。

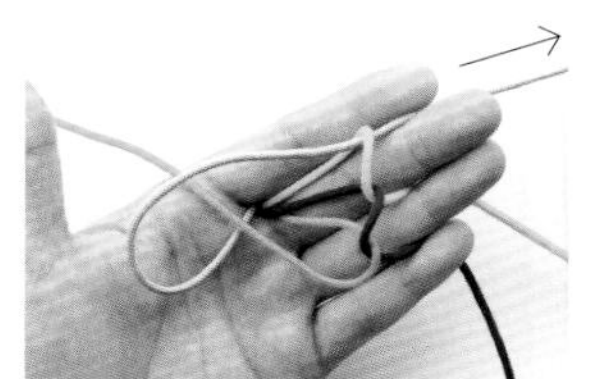

12 拉紧线 A，缩小圆圈。

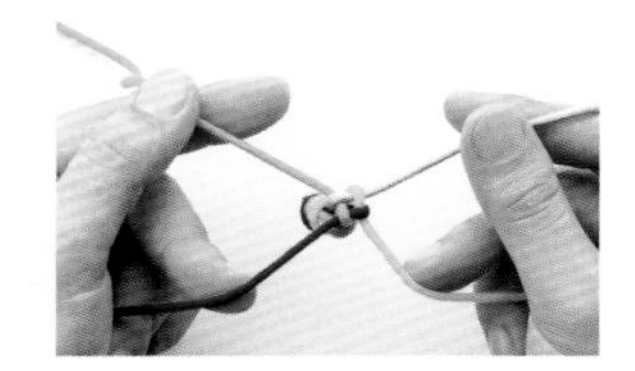

13 最后均匀地拉紧四条线，调整好结扣。

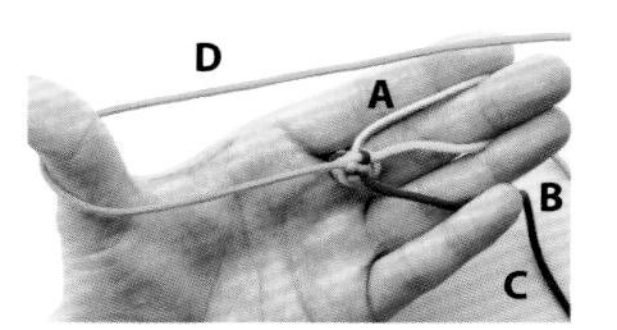

14 重新调整线在手指间的位置，重复 4~13 的做法，完成。

四股圆形玉米结 No.13、No.14

► P15

掌握了掌心中的编结方法，无论何时何地，只要有绳线，就可以编出四股圆形玉米结。

材料

✚ 不锈钢线 0.6mm 型（marchen art）

线 A 15cm × 1 条　线 B 100cm × 4 条

No.13… 古董金（711）　　No.14… 古董银（712）

✚ 直径为 6mm 的天然石 1 个

No.13… 凤凰石　　No.14… 青金石

✚ 珠子

No.13… 泰国喀伦黄铜珠（marchen art）

珠子 a 2mm × 3mm（AC1148）2 个

珠子 b 3.5mm × 2.5mm（AC1150）2 个

No.14… 泰国喀伦银珠（marchen art）

珠子 a 3mm × 2.5mm（AC776）2 个

珠子 b 5mm × 3mm（AC775）2 个

成品尺寸

直径约 0.3cm　长度约 28cm

编法

按“编法步骤”的顺序完成。准备好线 A，用线 B 编四股圆形玉米结，完成主体部分。将珠子 b 穿好，编结装饰部分。接下来编四股辫，打个单结，编至线端。将珠子 a 和天然石穿在线 A 上，另一侧用线 B 按同样的方法编。

线 A 的配置方法

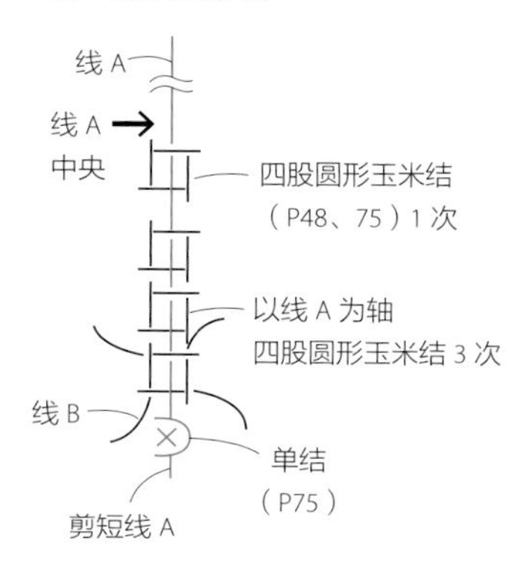

将 2 条线 B 对折，编一个四股圆形玉米结。在拉紧之前，将线 A 穿过结扣中央，再拉紧。

接着以线 A 为轴，编 3 个四股圆形玉米结。为了防止线 A 松脱，再打个单结，然后将线 A 剪短。

为了掩盖线 A 的单结，四股圆形玉米结的编结长度要达到 6.5cm。

装饰部分的编法

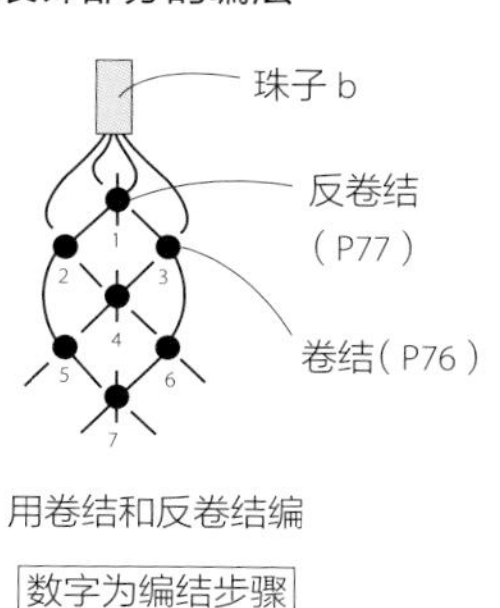

用卷结和反卷结编

数字为编结步骤

编法步骤

8 上下对调，按照 **1~6** 相同的做法编。

7 线 A 依次将珠子 a、天然石、珠子 a 穿起来。

开始

1 准备好线 A。

6.5 cm

2 编四股圆形玉米结。

3 穿上珠子 b。

4 用卷结、反卷结编装饰部分。

5 cm

5 编四股辫（P79）。

1 cm

6 将 4 条线一起编个单结，然后将线端剪齐。

海滩 No.1、No.2 ► P67

仅用卷结就可以完成的形状。

No.1 仅使用线，No.2 使用线与珠子组合完成。

材料

✚ 微芯南美蜡线（marchen art）

No.1… 栗色（1463）线 A 100cm × 2 条
　　　茶色（1464）线 B 100cm × 2 条
　　　胭脂红（1445）线 C 100cm × 1 条

No.2… 黑色（1458）线 A 100cm × 2 条
　　　蓝色（1448）线 B 100cm × 2 条
　　　蓝色（1448）线 C 100cm × 1 条

✚ 金属珠子（marchen art）

No.2… 极小 青铜（AC1643）54 个

成品尺寸

宽 0.5cm　长度约 30cm

编法

按照“编法步骤”的顺序完成。将线配置好，按“编法示意图”编主体部分，然后再编两端。

线的配置方法

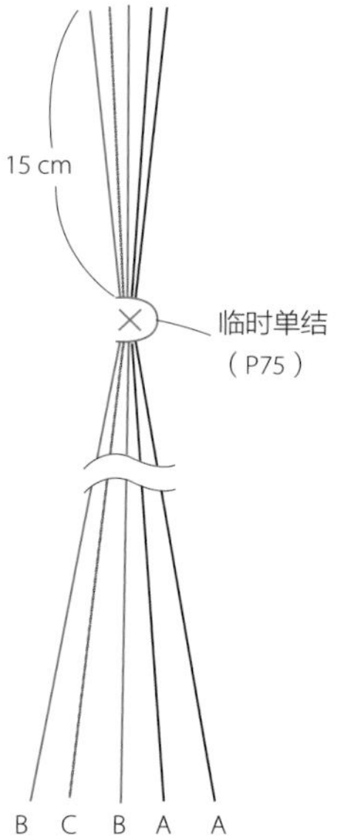

将 5 条线对齐，上方留出 15cm，在此处编一个临时单结（P75）。如图所示，将线排列好，用夹子夹在临时单结处。

编法步骤

1 将线从上方留出 15cm，对齐摆好，然后按“编法示意图”编卷结。No.2 每个线间分别穿 3 颗珠子。

2 按颜色将线条分成 2 条、2 条和 1 条，然后编三股麻花辫（P79）。

3 用 5 条线一起编个单结（P75），然后将线端剪齐。

4 松开临时编的单结，上下对调，然后按②、③同样的方法编。

编法示意图

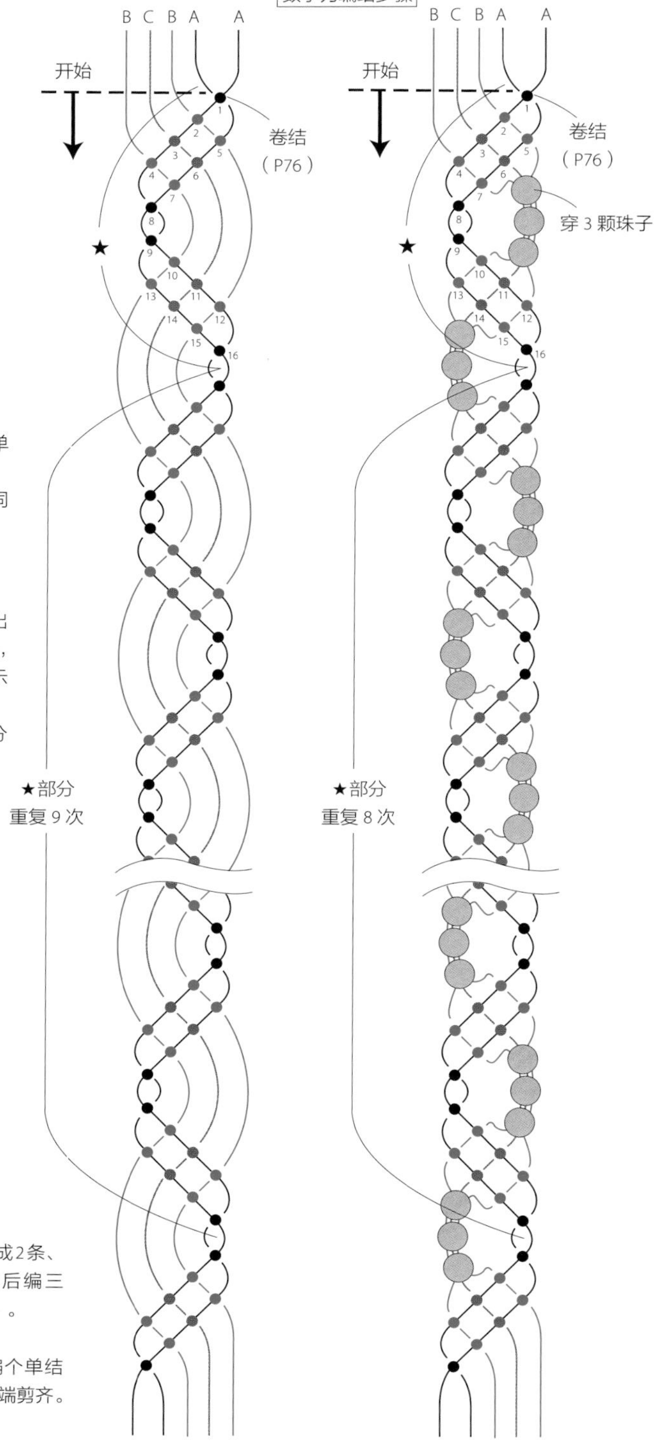

菱形 No.3 ► P6、P7

反卷结和左、右雀头结的编法应用。

材料

✚微芯南美蜡线（marchen art）
茶色（1464）线 A 100cm × 2 条
橙色（1443）线 B 100cm × 2 条
卡其色（1452）线 C 100cm × 2 条

成品尺寸

宽 0.5cm　长度约 30cm

编法

按照“编法步骤”的顺序完成。
将线配置好，按“编法示意图”编主体部分，然后再编两端。

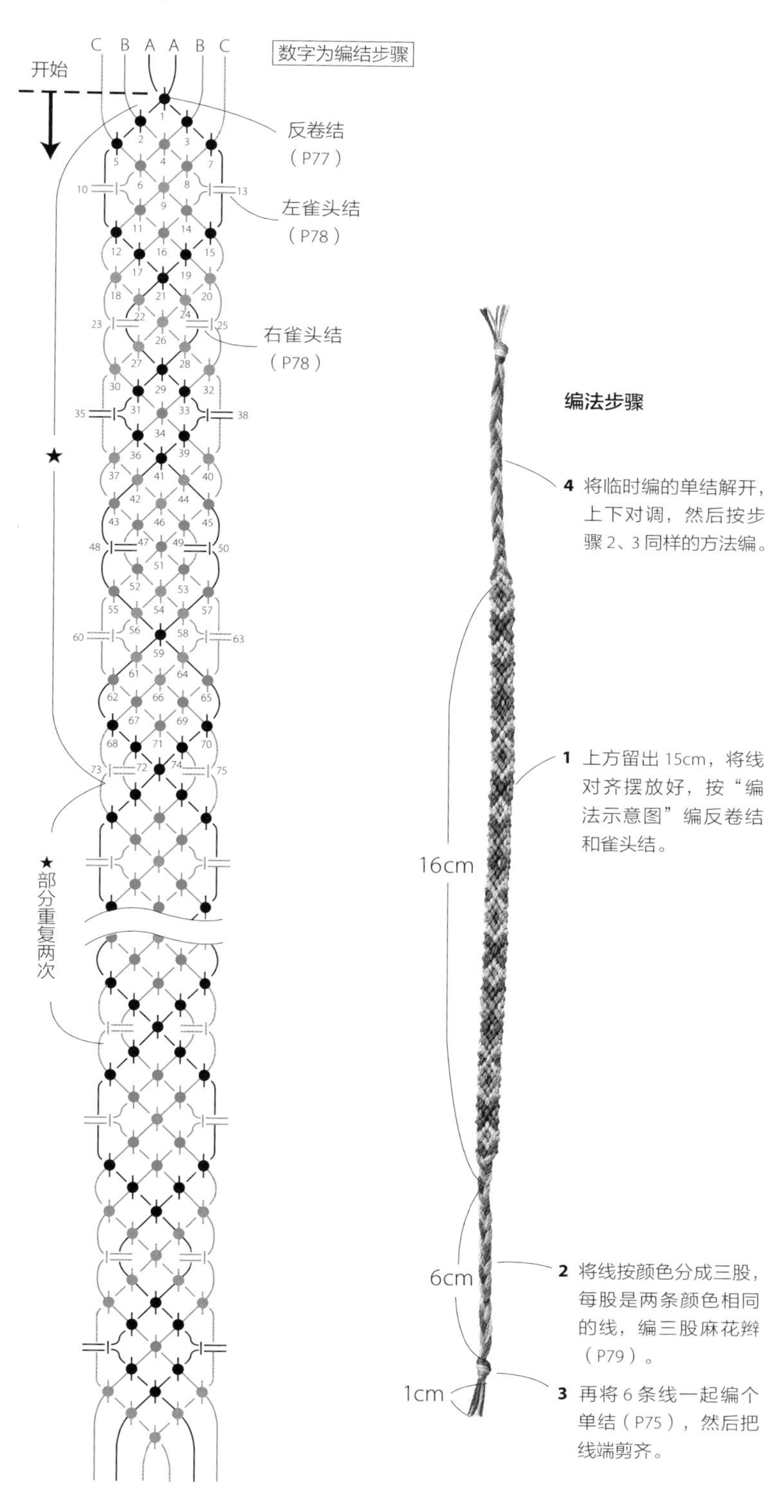

线的配置方法

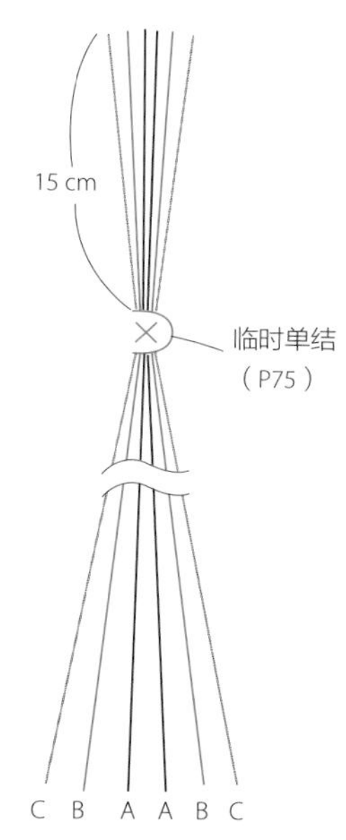

将 6 条线的线端对齐，上方留出 15cm，在此处临时编个单结（P75）。如图所示，将线排列好，用夹子夹在临时单结处。

点 No.4 ► P6、P7

仅运用反卷结编成的形状。
呈现出的星星点点的色彩是结线的颜色。

● 材料

✚ 微芯南美蜡线（marchen art）
灰色（1457）线 A 150cm × 4 条
洋苏草色（1450）线 B 100cm × 1 条
浅葱色（1459）线 C 100cm × 1 条
橙色（1443）线 D 100cm × 1 条
茶色（1464）线 E 100cm × 1 条

● 成品尺寸

宽 0.8cm　长度约 30cm

● 编法

按照“编法步骤”的顺序完成。将线配置好，按“编法示意图”先编主体部分，然后再编两端。

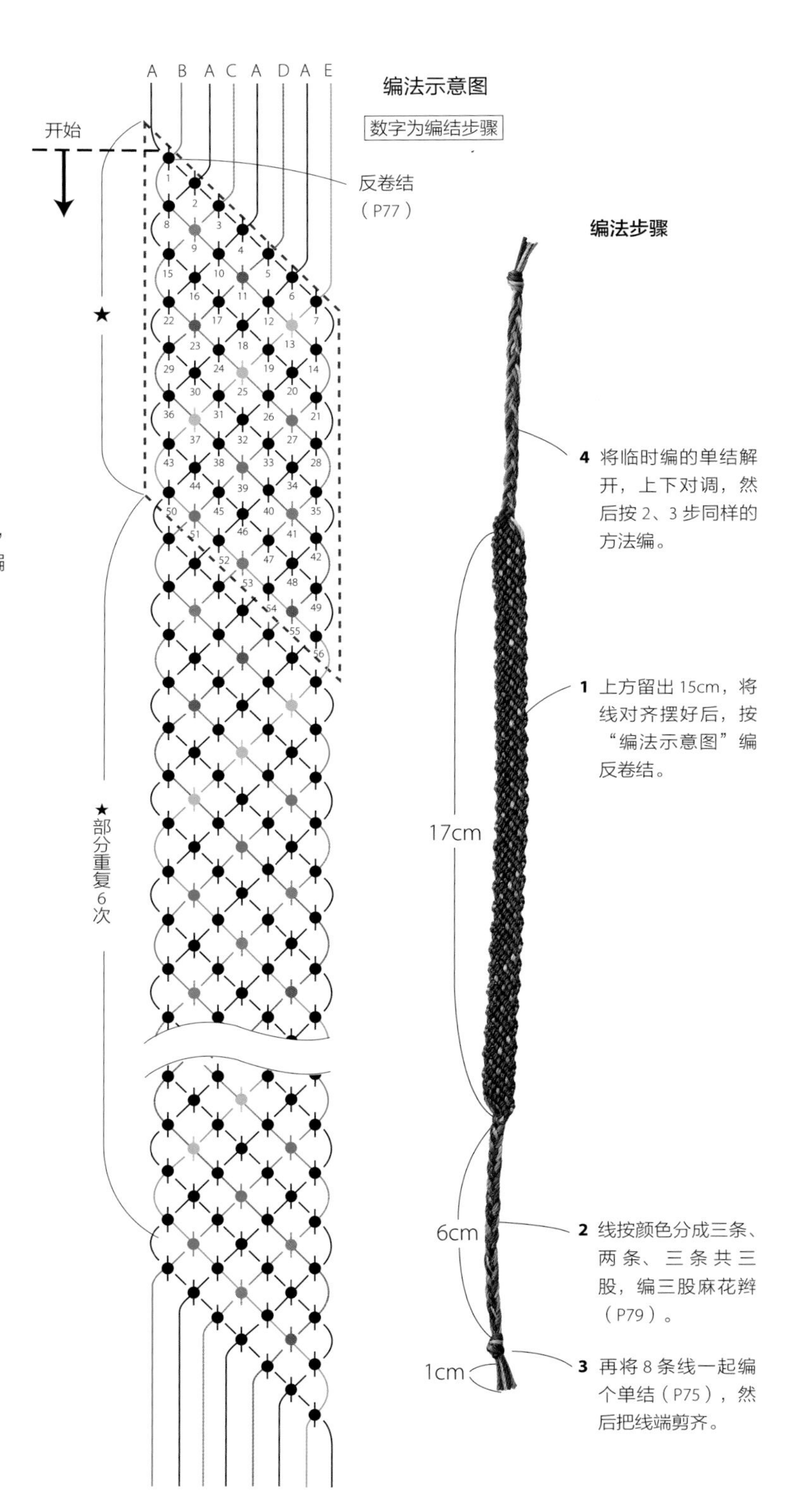

线的配置方法

15 cm

临时单结
（P75）

A B A C A D A E

将 8 条线的两端对齐，上方留出 15cm，然后在此处临时编个单结（P75）。如图所示，将线排列好，用夹子夹在临时单结处。

书带 No.5 ► P8

在卷结与反卷结的基础上，增加了线结，可以制作出作品每部分的空间感。

材料

✚ 微芯南美蜡线（marchen art）

梅鼠色（1461）线 A 80cm × 2 条　线 E 110cm × 2 条

胭脂红色（1445）线 B 160cm × 2 条　线 D 190cm × 2 条

线 F 140cm × 2 条

深鼠灰色（1462）线 C 180cm × 2 条

✚ 银色螺钉扣拟宝珠　直径 7mm　高度 10mm　2 个

✚ 橡皮筋绳　茶色 1 个（圆周长 16cm）

成品尺寸

宽 1.5cm　长度约 20cm

编法

将线配置好，按“编法示意图”从主体中央部分开始编。保证两端在折返后处于正面，从指定位置翻面，编至端部。从中央开始另一侧也按同样的方法制作。将螺钉扣拟宝珠装在★位置，橡皮筋绳夹在中间，将拟宝珠扣入☆处，固定好。

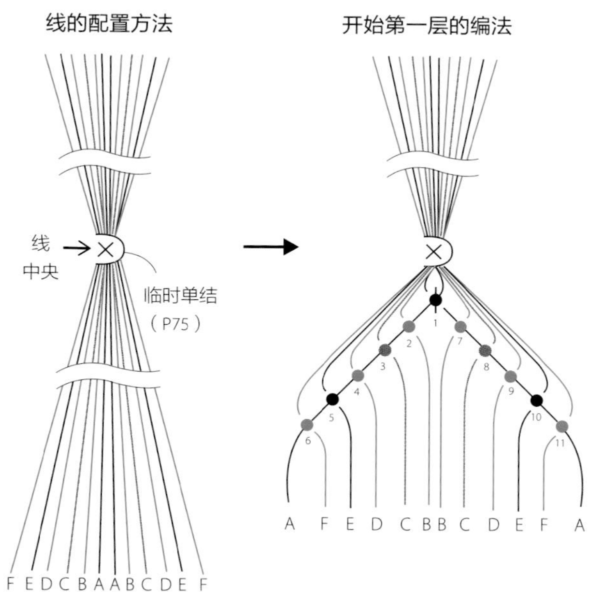

将 12 条线集中在中央，编一个单结（P75）。如图所示，将线排列好，用夹子夹在临时单结处。

按照顺序编。下侧编完后，解开临时编的单结，上下对调后，再编原来的上侧部分。

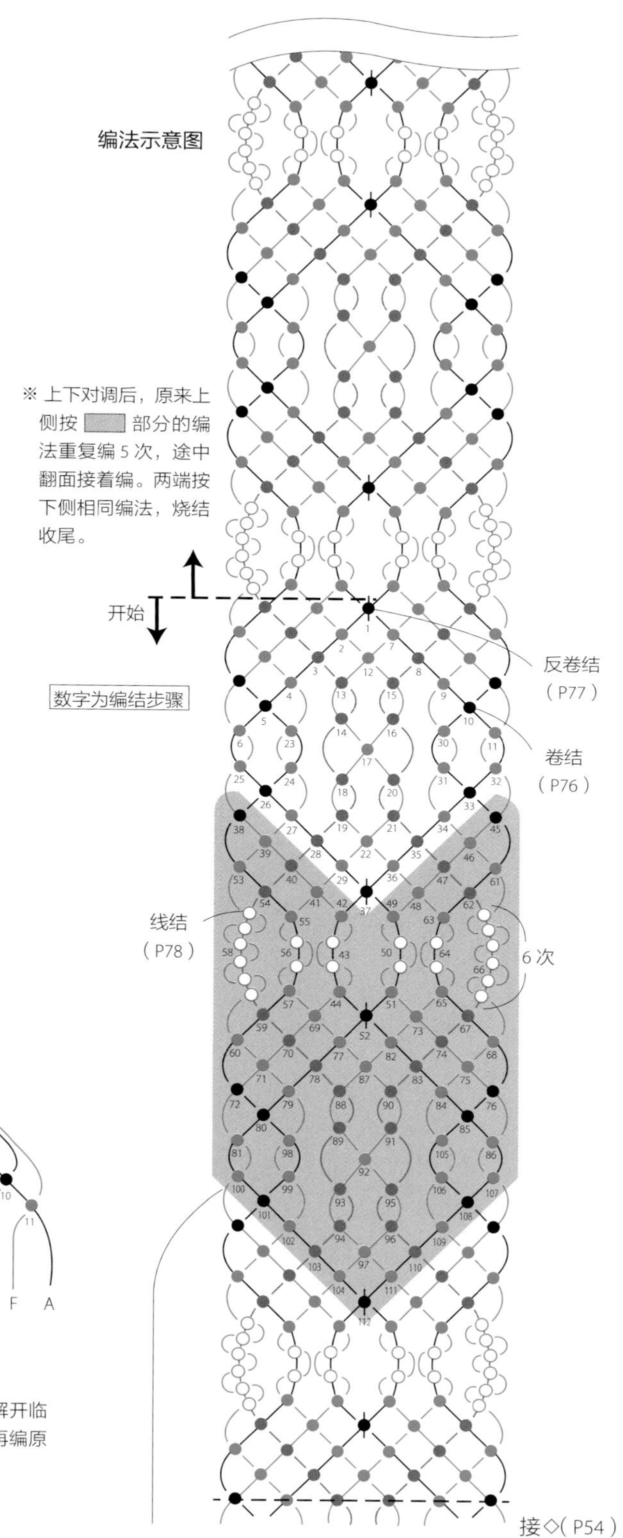

书带 No.5

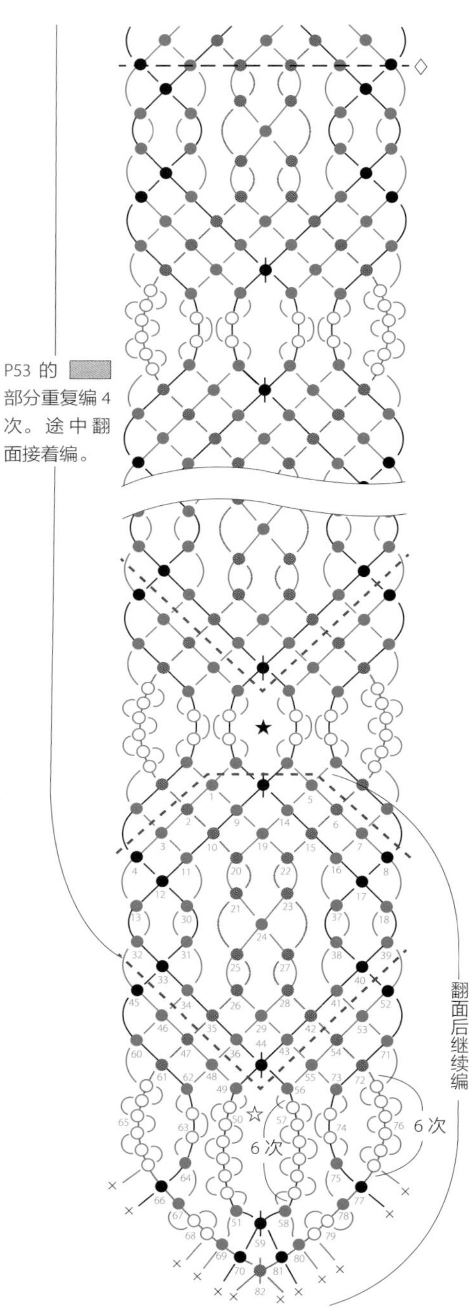

※**1~82** 在翻面后编。

★处安装螺钉扣拟宝珠，将橡皮筋绳夹在中间；☆处做个小孔，折叠结扣部分，将螺钉扣拟宝珠扣入孔中。

★ = 螺钉扣拟宝珠的安装位置

× = 将线剪断，烧结收尾（P37）

书签 No.6 ► P9

以叶子为主题的书签，运用线结、卷结、反卷结编成。

按照书本的大小，可调节三股麻花辫的长度。

材料

✚ 微芯南美蜡线（marchen art）

主题图案专用线

翡翠绿色（1469）线 A 45cm × 8 条　线 B 60cm × 2 条

线 C 50cm × 2 条　线 D 40cm × 4 条

三股麻花辫专用线

浅棕色（1454）、茶色（1464）、栗色（1463）40cm × 各 1 条

缠绕结专用线　栗色（1463）20cm × 2 条

✚ 黄铜珠（marchen art）（AC1132）2 个

成品尺寸

长度约 27cm

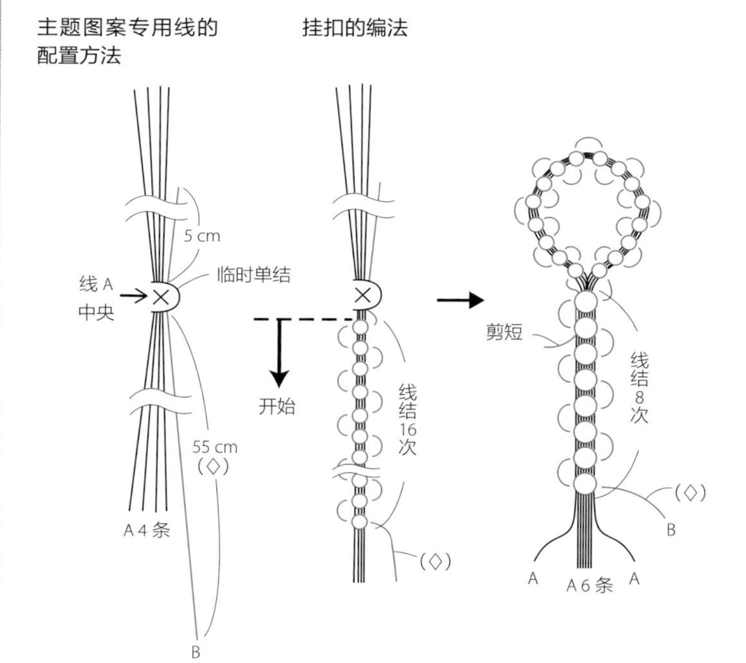

将 4 条线 A 的两端对齐摆放在中央，线 B 上方留出 5cm，在此处用 5 条线一起临时编个单结（P75）。如图所示，将线排列好，在临时单结处用夹子夹住。

以4条线A为轴，用剩余55cm的线 B（◇）编线结（P78）16次。

松开临时的单结，线结部分弯成圆环形状。将线汇总在一起，线 B 较长一端（◇）的 1 条线作为结线，以其他 9 条线为轴，编 8 个线结。线 B 较短的一端先作为轴线，最后剪短至尽量看不到。将线 A 按图所示排列好。

○编法

按照“编法步骤”的顺序完成。以叶子为主题形状，先配好叶子部分的专用线，编挂扣。然后按“编法示意图”，接入线 C，以 8 条线 A 为轴，在线 C 中央处编卷结，再以 1 条线 A 为轴，与接入的线 C 编线结做成叶子的轮廓。然后继续以 6 条线 A 为轴，在线 B（◇）处编线结完成叶脉的中央。按相同的要领，将线 D 接入，从叶脉中央的轴线 A 中各取 1 条，以此为轴，与线 D 编线结完成叶脉分支。就这样，叶脉中央的轴线数量逐渐减少，编线结直至叶尖处。

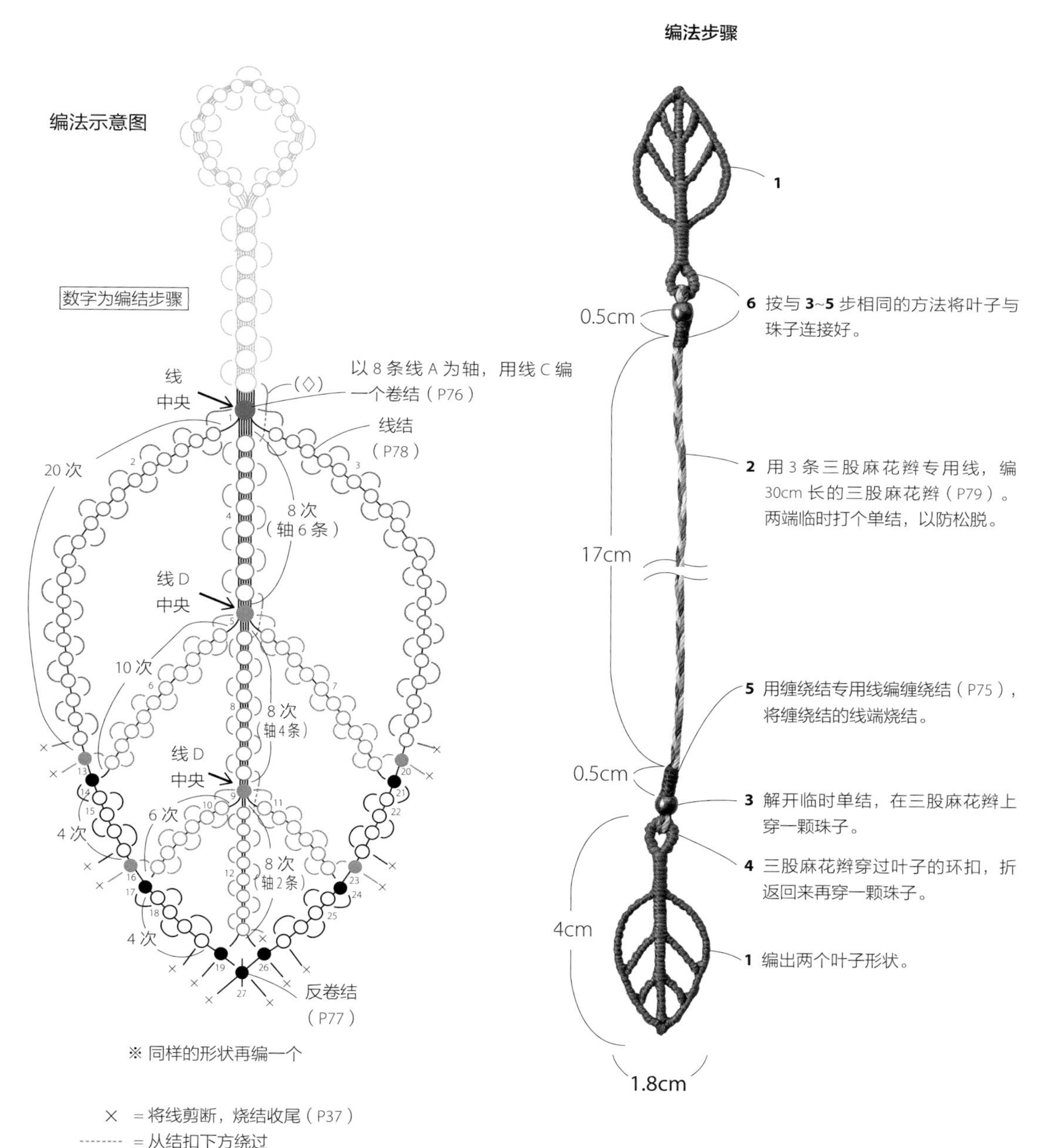

起源 No.7、No.8、No.9 ► P10、P11

这款设计是我迈入南美结绳艺术世界的“开山之作”。

●材料

✚蜡线（Linhasita）

线 A 180cm×1 条 160cm×1 条

线 B 160cm×2 条

线 C 160cm×2 条

No.7… 茶色（567）线 A　黄绿（90）线 B

淡橙色（217）线 C

No.8… 红色（60）线 A　深灰色（392）线 B

米色（315）线 C

No.9… 淡紫色（207）线 A　黄色（218）线 B

紫色（368）线 C

●成品尺寸

宽 1.3cm　长度约 22cm

●编法

按照“编法示意图”的顺序完成。将线配好，编挂扣，按“编法示意图”先编主体部分，然后用三股麻花辫编两端。

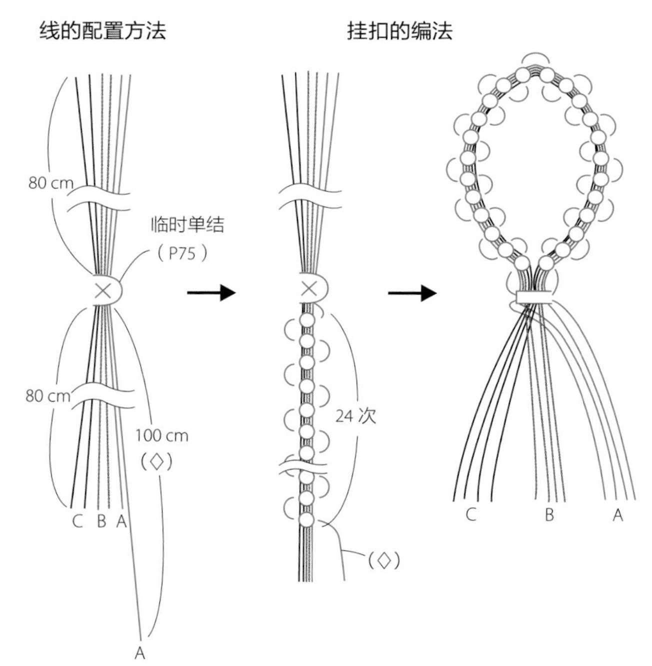

将 6 条线的两端对齐，上方留出 80cm，然后在此处临时打个单结（P75），将夹子夹在临时单结处。

用还剩 100cm 的线 A（◇）以其他 5 条线为轴，编 24 次线结（P78）。

解开临时打的单结，将编好的线结部分弯成环形，然后将所有线汇总成一束，以此为轴，用编过线结的线 A（◇）编一个平结（P79）。

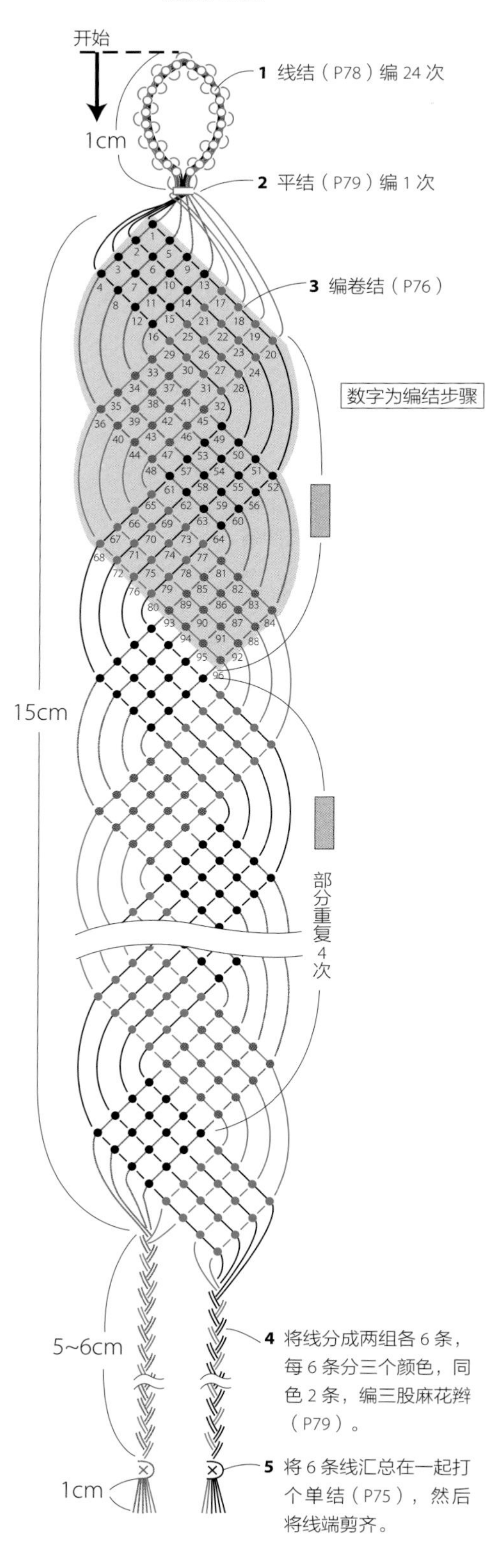

十字架 No.15 ►P16

天然石珠子是十字架主题中的亮点。

材料（1组）

✚ 蜡线（Linhasita）
红色（60）线 A 25cm×2 条　线 B 40cm×4 条
结线 C 30cm×16 条
线 D 15cm×2 条（解开捻线使用 1 条）

✚ 直径为 5mm 的天然石珠子　黄水晶 2 个

✚ 金属耳环　金色 1 对

成品尺寸

宽约 2.3cm　长度约 3.8cm（不含金属部分）

编法

按照“编法示意图”的顺序完成。将线和珠子配好，按“编法示意图”不断变换方向编。最后安装上金属耳环。

编法步骤

线和珠子的配置方法

C
B
珠子
线 B
中央
B
C
D
C

两条线 B 在中央编反卷结（P77）。
将 6 条线 C 按图示编卷结接入线 B（P76、P77）。
线 D 一端留出 5cm，并在此处编卷结接入，然后在上方穿上珠子。

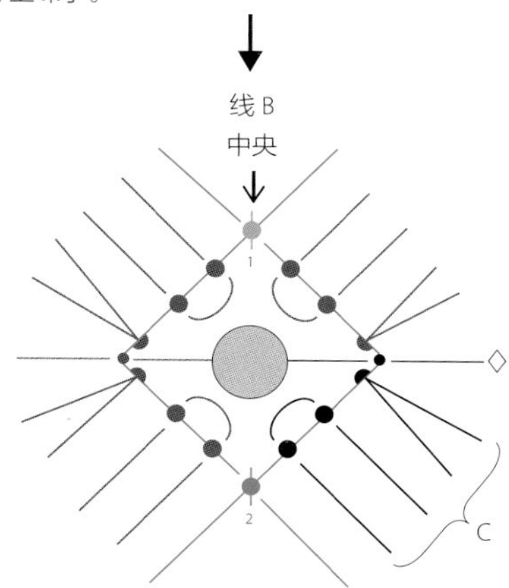

线 D 的另一侧（◇）编卷结，然后接入 2 条线 C，最后用线 B 编反卷结。

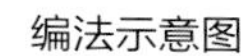

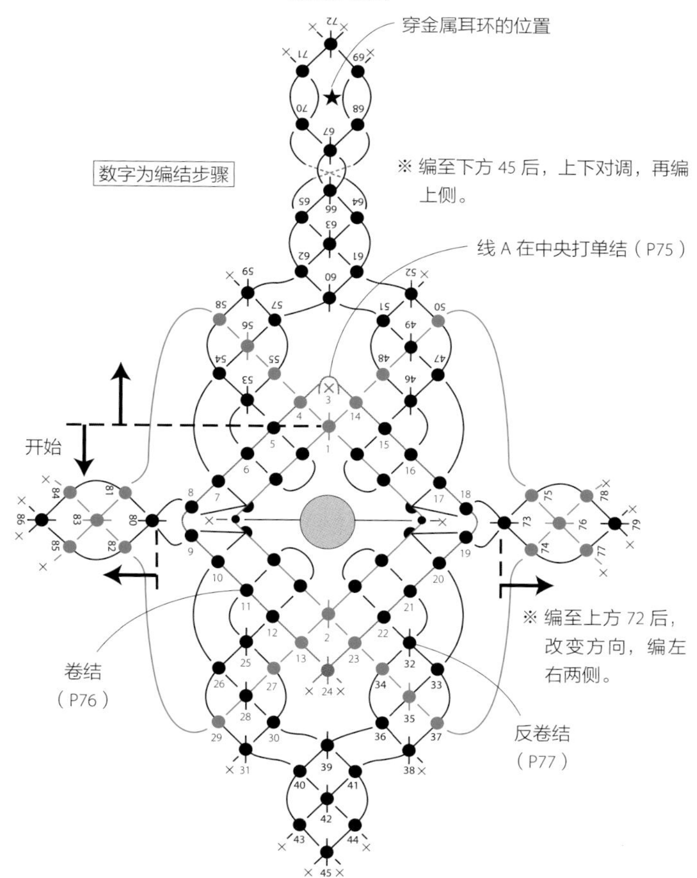

× ＝将线剪断，烧结收尾（P37）
------- ＝线从下方穿绕

叶子 No.16 ► P17

摇曳飘落而下的带有洞孔的叶子为主题。
金属材质的珠子是非常好的点缀。

○材料（1个）

✚蜡线（Linhasita）
茶色（259）轴线 50cm×1 条　线 A 90cm×1 条
绿色（386）线 B 50cm×6 条
淡绿（231）线 C 50cm×2 条
✚黄铜珠（marchen art）
3mm×4mm 古董金（AC1132）1 个
1mm×5mm 古董金（AC1133）1 个
✚C 形环 6mm×5mm 古董金 2 个
✚金属耳钉　古董金 1 个

○成品尺寸

宽约 2.3cm　长度约 4.5cm（不含金属部分）

○编法

按照“编法示意图”的顺序完成。

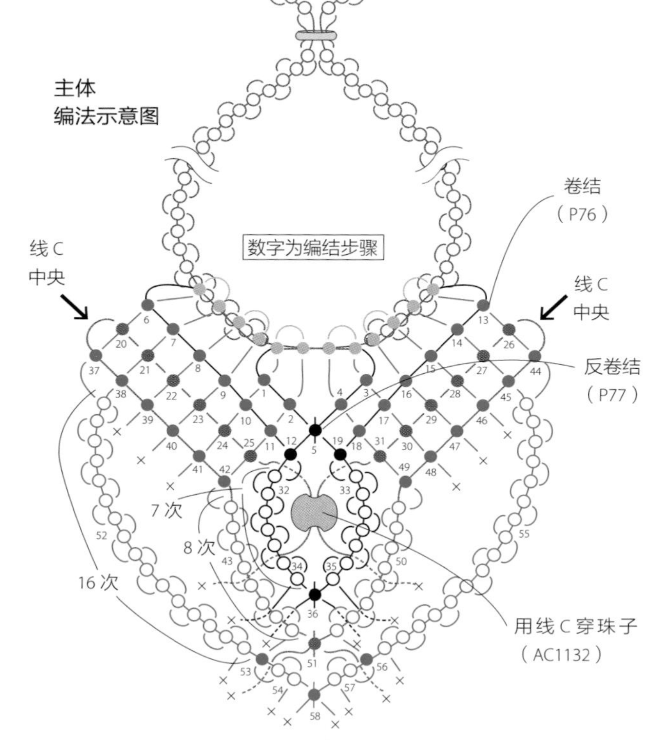

× ＝将线剪断，烧结收尾（P37）
-------- ＝从线结的轴和挂扣中间穿过

线的配置方法

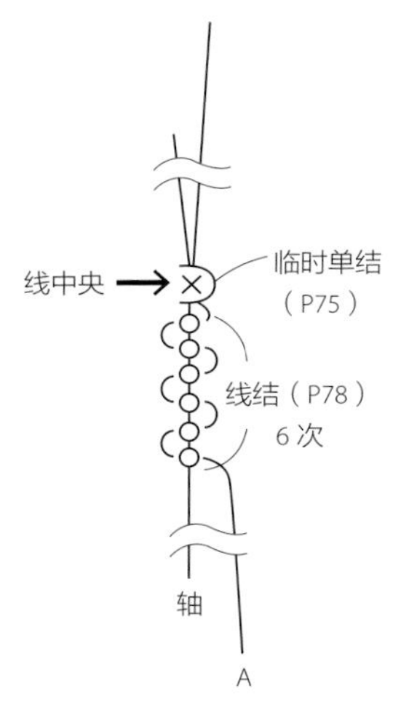

在线 A 与轴线的中央处打个临时单结，用夹子夹好。然后用线 A 编 6 次线结。

线结挂扣的编法

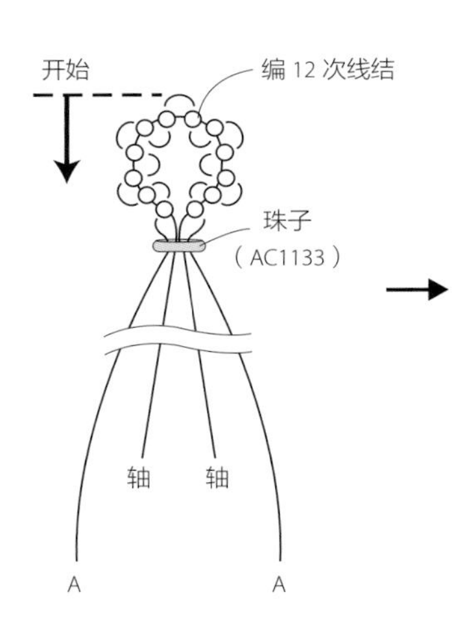

解开临时单结，在另一侧编 6 次线结。将编好的线结部分弯成一个圆环，四条线汇总成一束，穿上珠子（AC1133）。然后按图所示，将线分为左右各两条。

编法步骤

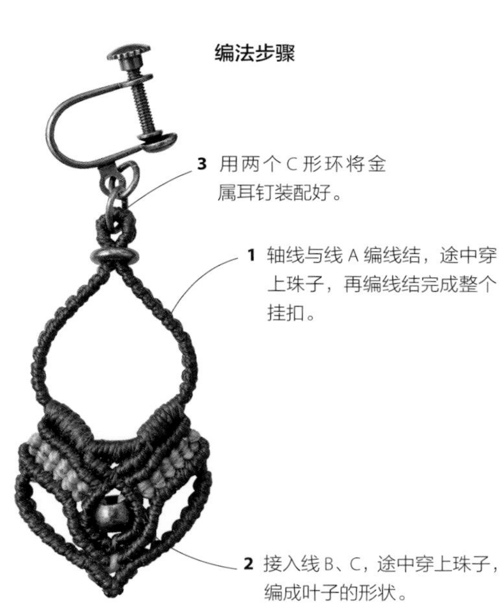

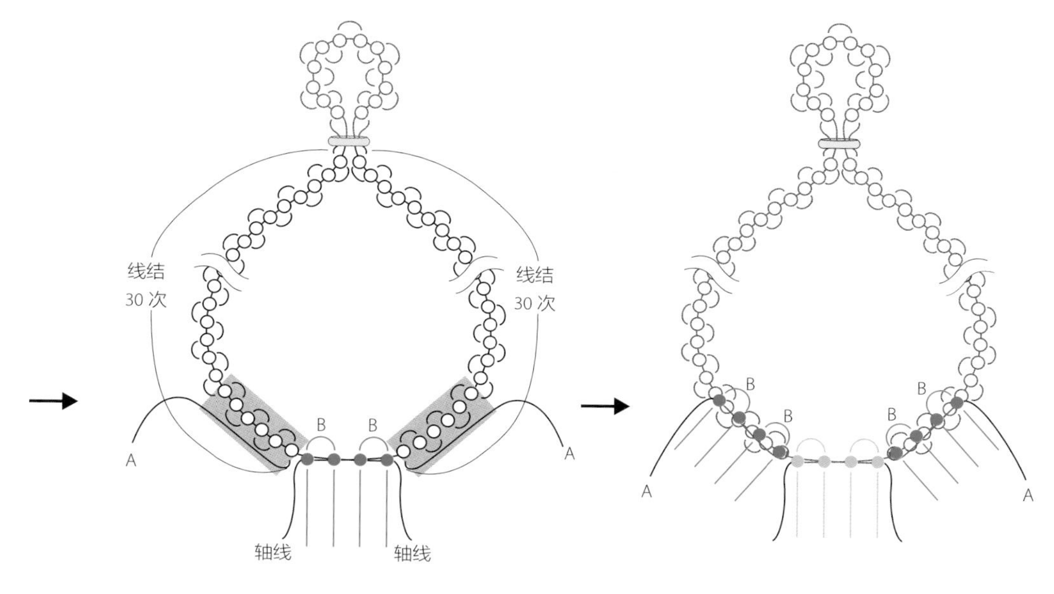

用线 A 左右各编 30 次线结。将轴线在中央交叉，将 2 条线 B 接在 2 条轴线上。（P76）

以左图 ▇ 部分（线结和线 A）为轴，左右各接入 2 条线 B。

绳子

P19、P21、P32 编四股辫很容易完成。两端可以接入各种装饰，是一款应用广泛的设计。

● 材料（1 根用）

✚ 蜡线（Linhasita）
线 A 120cm × 4 条　缠绕结专用线 30cm × 2 条
No.19… 深灰色（210）　No.21…卡其色（64）
No.41…茶色（205）
✚ 金属珠子（marchen art）
极小 青铜（AC1643）6 个

● 成品尺寸

长度约 82cm

● 编法

按照“编法示意图”的顺序完成。

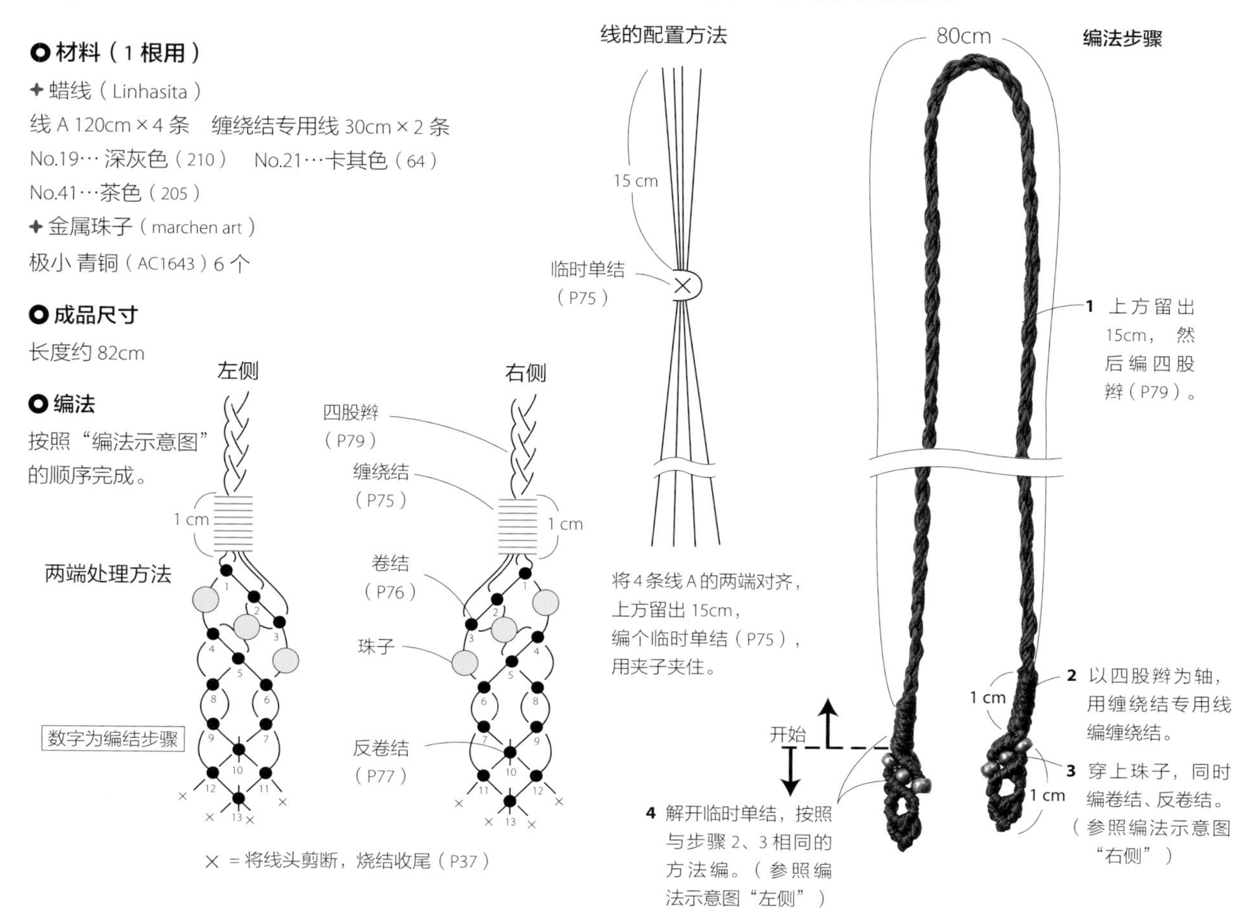

火焰 No.17、No.18、No.19 ► P18

编好后，将剩余绳线做成装饰穗，形似火焰。
可以分成有装饰穗和无装饰穗两种设计。

◯ 材料（1 个）

✚ 蜡线（Linhasita）

线 A 40cm × 1 条　线 B 60cm × 1 条　线 C 20cm × 12 条
线 D 35cm × 1 条　线 E 35cm × 1 条　线 F 20cm × 11 条
缠绕结专用线 25cm × 5 条

No.17、No.18… 红茶色（60）线 A、线 B、线 E　茶色（234）线 C、线 D
缠绕结专用线 橙色（217）线 F

No.19… 紫色（369）线 A、线 B、线 E　蓝色（275）线 C、线 D
缠绕结专用线 绿色（367）线 F

✚ 金属珠子（marchen art）

No.17、No.18… 极小 金色（AC1641）12 个
线珠 小 金色（AC1644）1 个

No.19… 极小 银色（AC1642）12 个
线珠 小 银色（AC1645）1 个

✚ C 形环 6mm × 5mm

No.17、No.18…金色 1 个
No.19…银色 1 个

◯ 成品尺寸

宽约 2cm，长度约 5cm（不含金属部分）

◯ 编法

按照“编法步骤”的顺序完成。将线和珠子配置好，按“编法示意图”加线，穿上珠子编结，然后装上金属环。No.18 和 No.19 编完后，制作装饰穗。

编法步骤

2 将 2 条线 E 穿过 C 形环，编两个平结。（P79）

1 加线，穿上珠子后编结。

0.5 cm

3 ★部分汇总成一束，用缠绕结专用线编缠绕结（P75）。将捻线解开，按自己喜好的长度剪齐。或者不留★部分，全部剪掉烧结。

No.19的绳子参考P59

线和珠子的配置方法

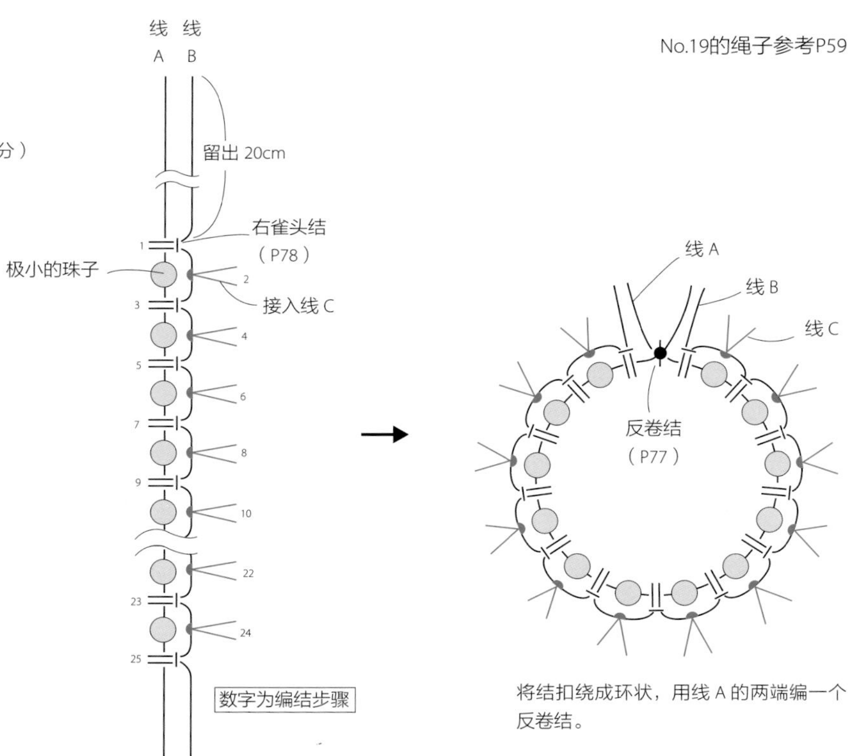

线 A 一端留出 20cm，以此为轴，用线 B 编右雀头结，然后将 1 条线 C 接入线 B（P77），线 A 穿一颗极小的珠子。按此方法重复，一共接 12 条线 C，穿好 12 颗珠子。

将结扣绕成环状，用线 A 的两端编一个反卷结。

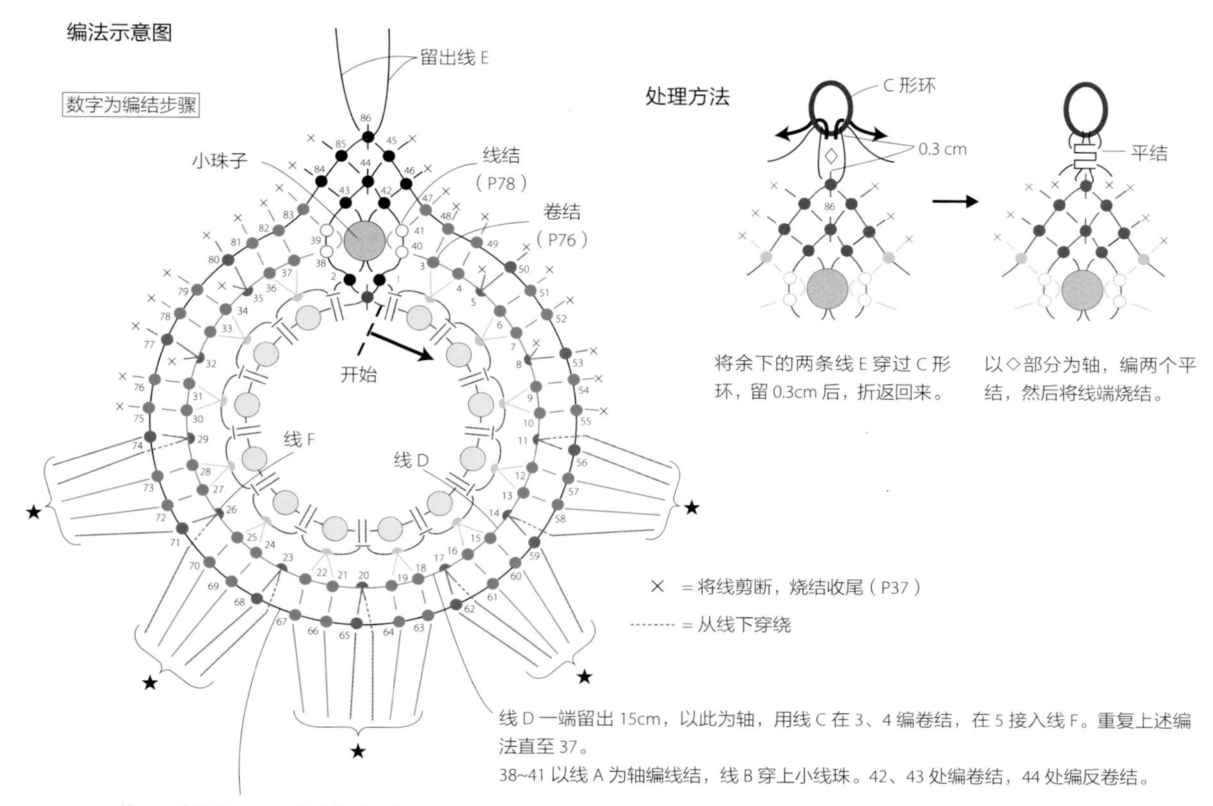

照相机挂绳 No.12 ► P14

用四股圆形玉米结编的照相机挂绳。

材料（1 个）

✚ 蜡线（Linhasita）

照相机挂绳专用线

蓝色（228）线 A 300cm × 6 条

缠绕结专用线 40cm × 8 条

紫色（69）线 B 300cm × 2 条

青金色（229）线 C 300cm × 2 条

照相机安装用线 青金色（229）40cm × 3 条

✚ 直径为 8mm 的珠子 2 个

成品尺寸

直径约 0.5cm 长度约 116cm

编法

按照“编法示意图”的顺序完成。将线配置好，从中央开始编四股圆形玉米结，先将单侧的珠子和装饰物穿好编完。另外一侧也用同样的方法从中央开始编。

线的配置方法

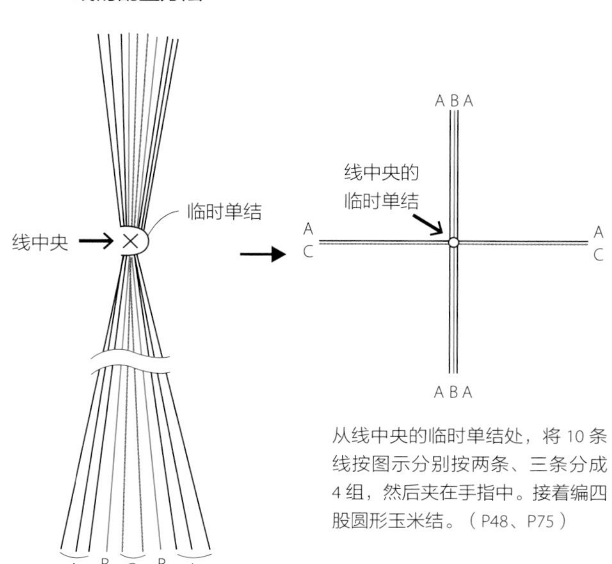

将线 A、B、C 的 10 条线端对齐，在中央编临时单结。（P75）

从线中央的临时单结处，将 10 条线按图示分别按两条、三条分成 4 组，然后夹在手指中。接着编四股圆形玉米结。（P48、P75）

接P62

照相机挂绳 No.12

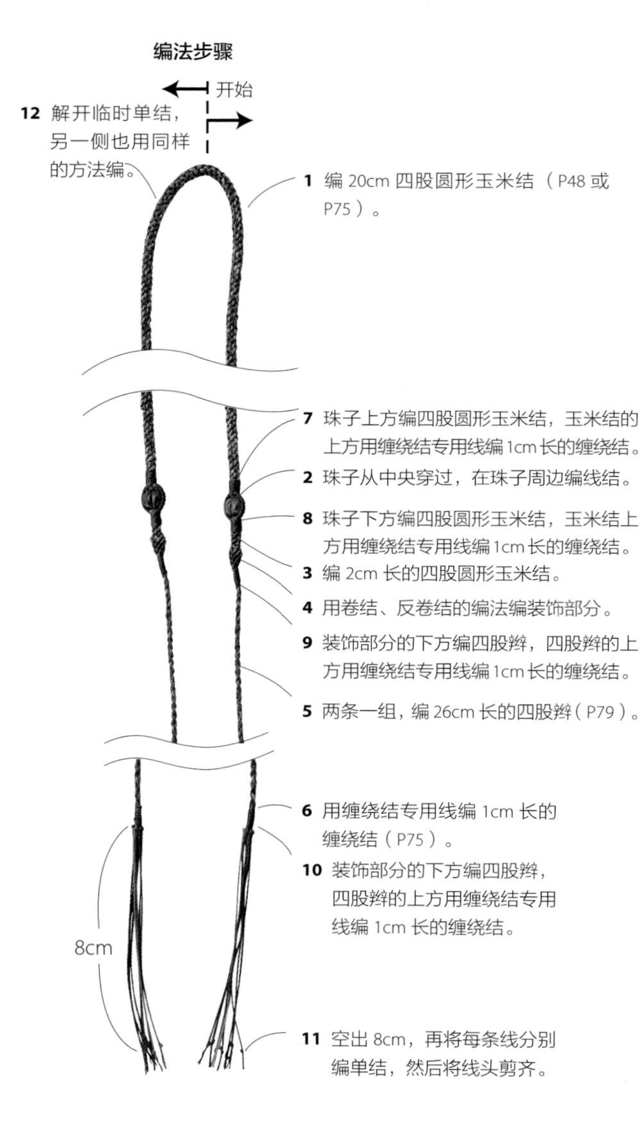

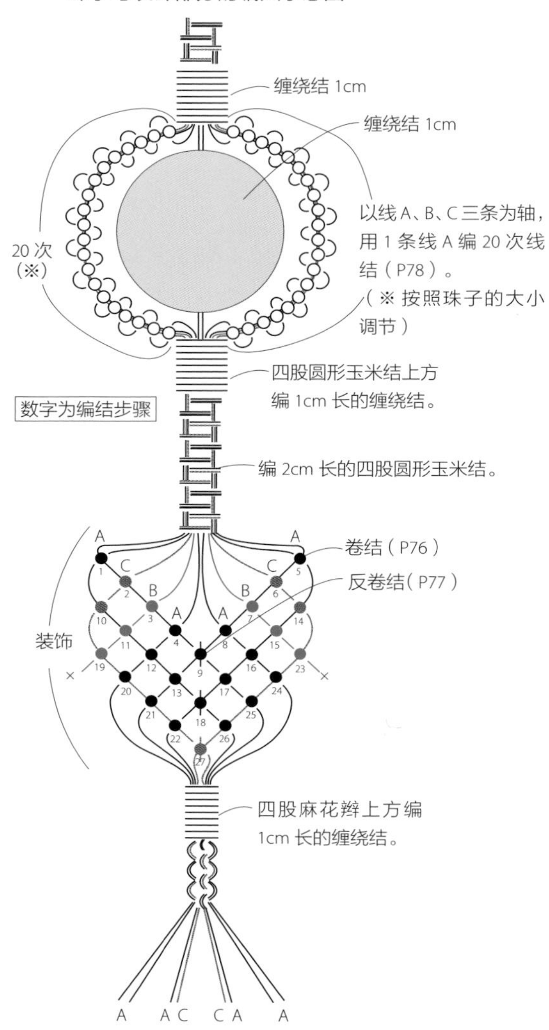

将 8 条线分成四组，其中两组是两条线 A，两组是一条线 A 和一条线 C 的组合，然后编四股辫。

× = 将线剪断，烧结收尾（P37）

挂绳安装于照相机本体上的方法请参考P69

螺旋 No.20、No.21、No.22 ► P20、P21

线结编出的螺旋形状比较有特点。
此种形状应用广泛，既可作为实用挂饰，又可作为首饰。

材料（1组）

✚ 蜡线（Linhasita）

线 A 80cm × 2 条　线 B 60cm × 2 条
线 C 70cm × 2 条　线 D 40cm × 2 条
No.20… 橙色（217）　No.21… 深绿色（386）
No.22… 绿色（222）

✚ 直径 6mm 的天然石 2 个

No.20… 绿色 绿柱石　No.21… 蓝色 绿柱石
No.22… 粉色 绿柱石

✚ 其他配料

No.20… 直径 4mm 圆形环 金色 2 个
C 形环 6mm × 5mm 金色 2 个
No.21… 直径 4mm 圆形环 金色 2 个
C 形环 6mm × 5mm 金色 1 个
No.22… 直径 4mm 圆形环 金色 2 个
金属耳钉 6mm × 5mm 金色 1 个

成品尺寸

直径约 1.3cm　长度约 3cm（不含金属部分）

编法

按照“编法示意图”的顺序完成。

No.21的绳子编法请参考P59

编法示意图

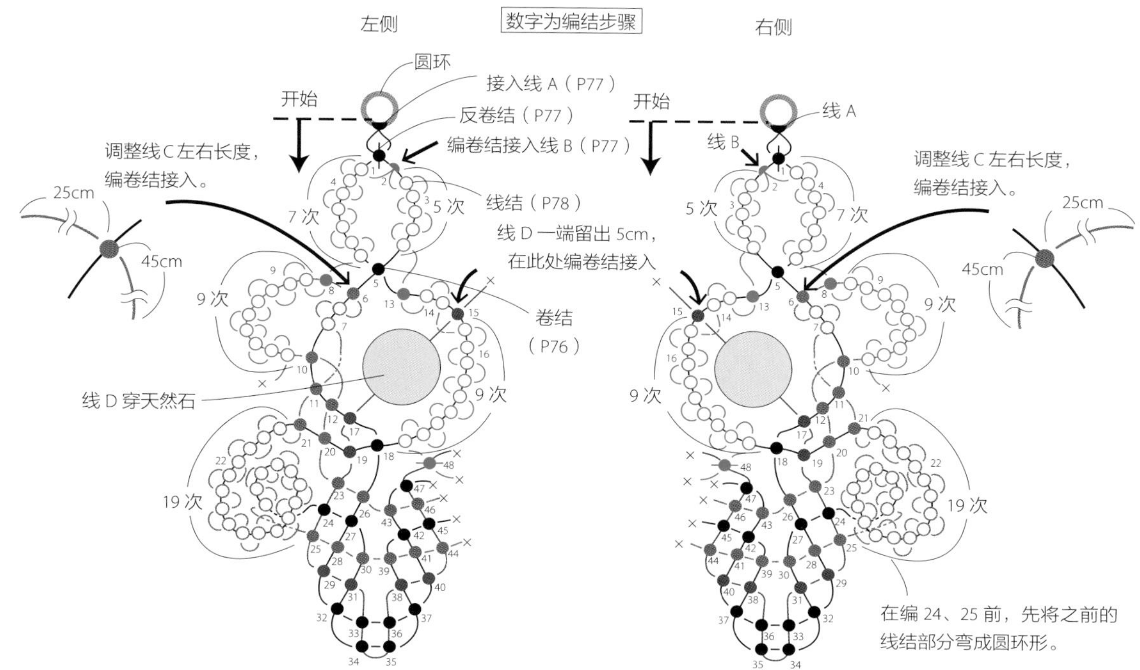

× = 将线剪断，烧结收尾（P37）
------- = 将线放入下方

装饰小包 No.23、No.24 ► P22、P23

装硬币的小型包和装绳编工具如打火机之类的大型包两种款式。小型包还可作为胸饰，也很可爱。

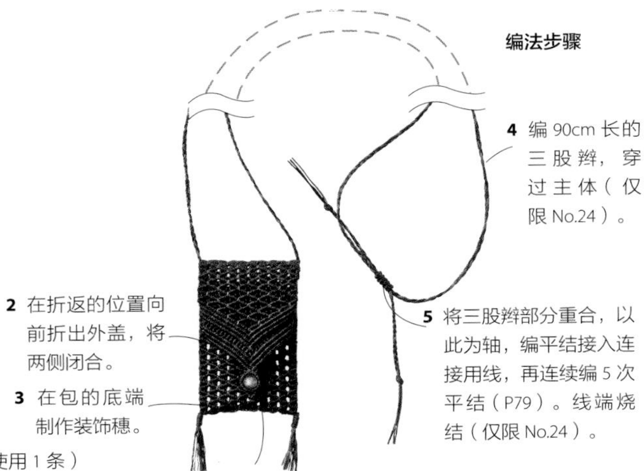

材料（1 个）

✚ 蜡线（Linhasita）

No.23…黄色（37）线 A 100cm × 6 条
缠绕结专用线 20cm × 2 条
灰色（665）线 B 150cm × 10 条　线 C 50cm × 1 条
线 D 20cm × 2 条
线 E（解开捻线使用 1 条）15cm × 1 条

No.24…紫色（369）线 A 150cm × 6 条
缠绕结专用线 20cm × 2 条
深紫（630）线 B 240cm × 10 条　线 C 80cm × 1 条、
线 D 20cm × 2 条　线 E 15cm × 1 条（捻开使用 1 条）

三股麻花辫专用线 紫色（369）120cm × 1 条
深紫（630）120cm × 2 条

连接用线 深紫（630）30cm × 1 条

✚ 直径为 5mm 的天然石 拉长石 2 个

成品尺寸

No.23…4cm × 5cm
No.24…4cm × 8cm

编法

按照“编法示意图”的顺序完成。

编法示意图

线 C 中央

开始

A B B A B B A B B A B B A B B A

反卷结（P77）

在线 C 上接入 6 条线 A 和 10 条线 B（P77）。线 A 两端不打结，留着即可。

卷结（P76）

数字为编结步骤

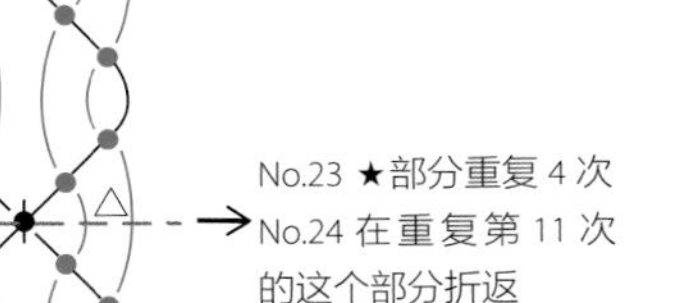
No.23 ★部分重复 4 次
No.24 在重复第 11 次的这个部分折返

※No.24 省略了重复编结部分的记号图

接◇

线的编法（No.24）

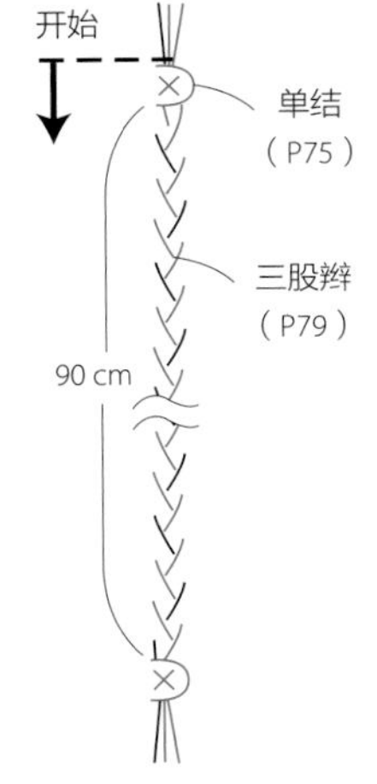

将三股辫专用线 3 条线端对齐，3 条一起编个单结，然后编 90cm 长的三股辫。穿过主体部分的开口，在 3 条线另一端再打个单结。

两侧的闭合方法

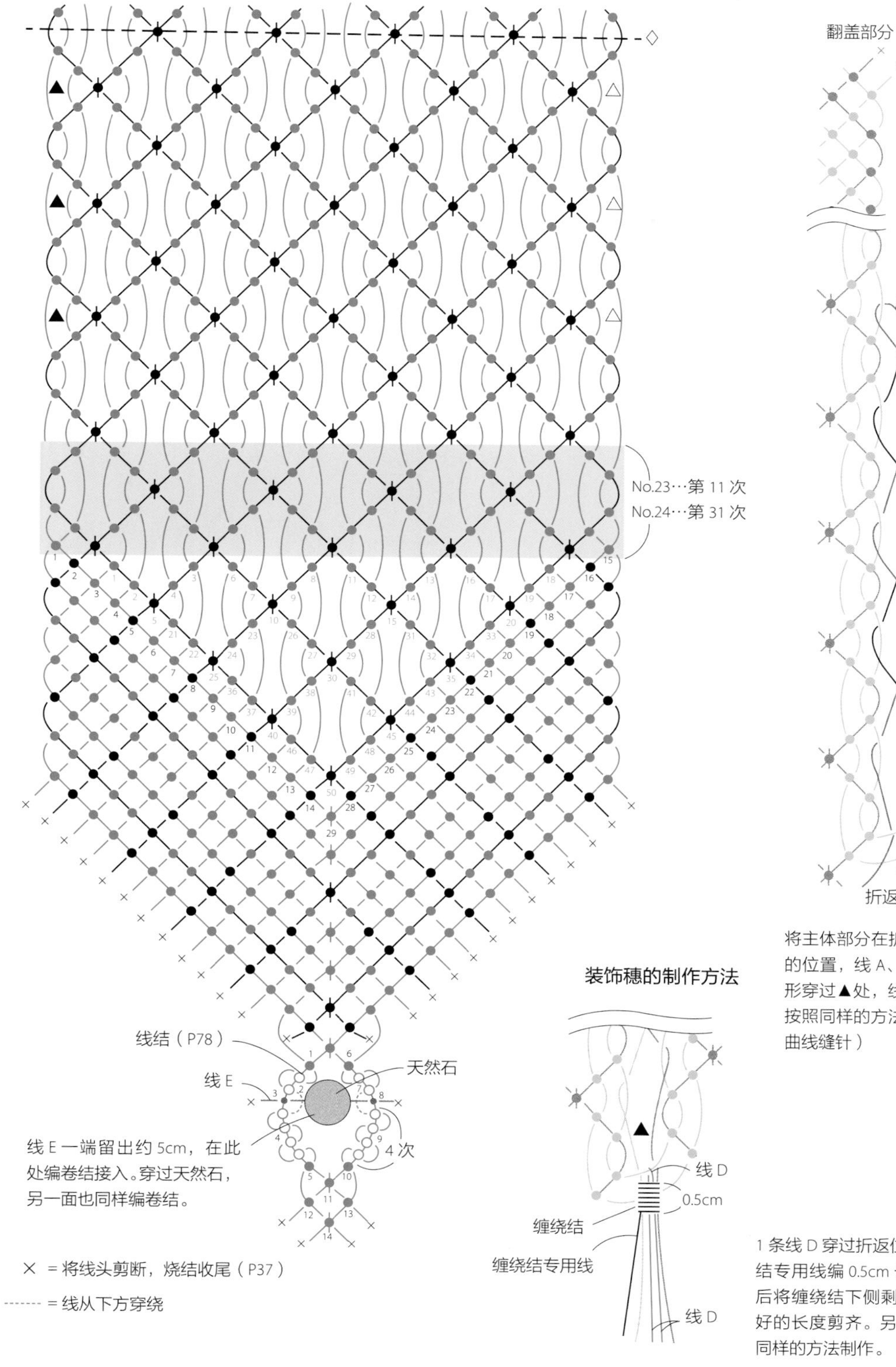

将主体部分在折返位置处折回，在开始的位置，线 A、线 C 相互交叉，呈之字形穿过▲处，线 C 在上方。另外一侧也按照同样的方法穿过△处。（建议使用曲线缝针）

装饰穗的制作方法

1 条线 D 穿过折返位置▲处，对折。用缠绕结专用线编 0.5cm 长的缠绕结（P75）。然后将缠绕结下侧剩余的线捻开，按自己喜好的长度剪齐。另一侧在折返位置△处用同样的方法制作。

红色表带 No.30 ► P26、P27

以微妙的红色色彩组合制作而成的一款原创表带。

材料（1个）

✚ 蜡线（Linhasita）

红色（233）线A 150cm×2条　线D 60cm×2条

红色（50）线B 150cm×4条

深红色（60）线C 150cm×4条

✚ 银黄铜珠（marchen art）（AC1472）1个

✚ 表带安装部分宽度为12mm的手表表盘1个

成品尺寸

宽约1.1cm　长度约22cm

编法

按照“编法示意图”的顺序完成。

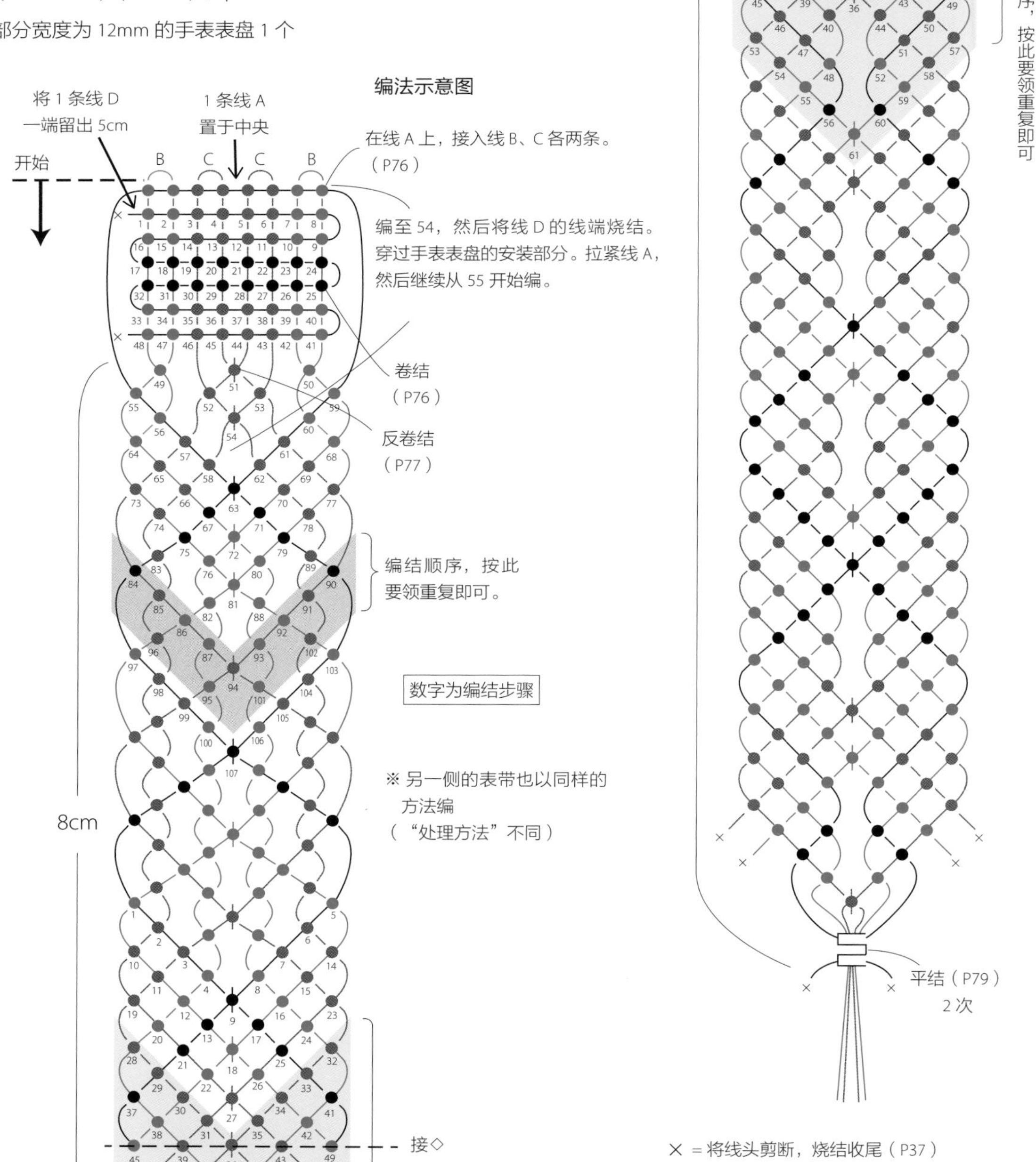

处理方法 1

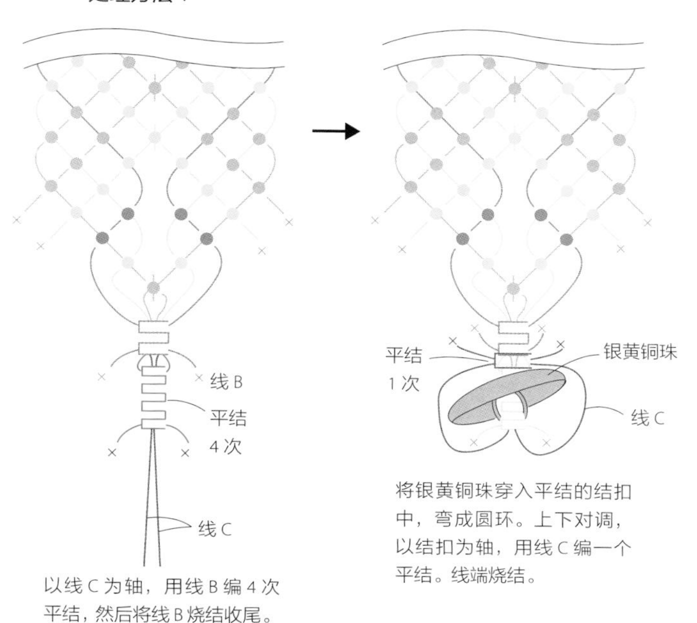

以线 C 为轴，用线 B 编 4 次平结，然后将线 B 烧结收尾。

将银黄铜珠穿入平结的结扣中，弯成圆环。上下对调，以结扣为轴，用线 C 编一个平结。线端烧结。

处理方法 2

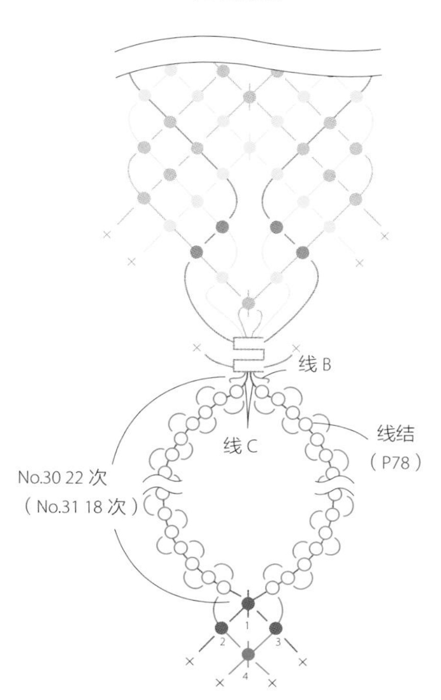

No.30，以线 C 为轴，用线 B 在左右各编 22 次线结。
No.31，以线 A 为轴，用线 A、C 在左右各编 18 次线结。
接下来编反卷结、卷结，然后烧结收尾。

编法步骤

（除指定内容外，No.31 也以同样的方法制作）

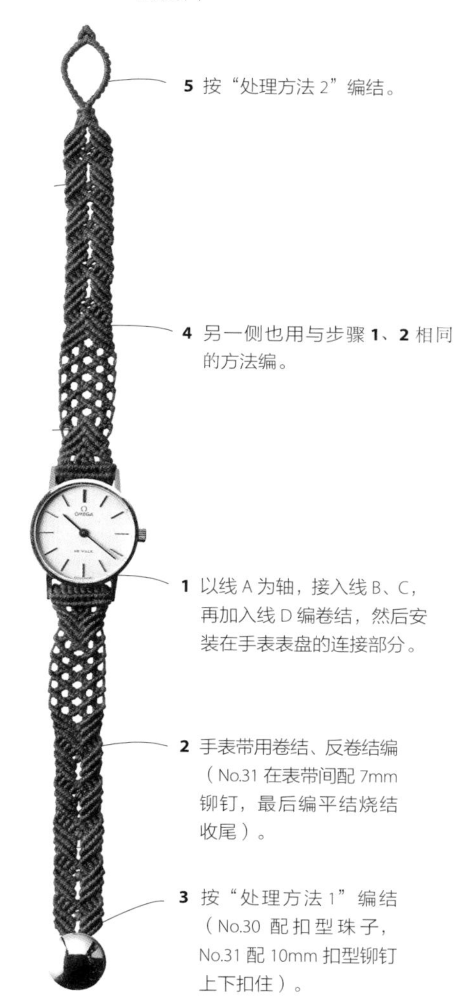

5 按“处理方法 2”编结。

4 另一侧也用与步骤 **1**、**2** 相同的方法编。

1 以线 A 为轴，接入线 B、C，再加入线 D 编卷结，然后安装在手表表盘的连接部分。

2 手表带用卷结、反卷结编（No.31 在表带间配 7mm 铆钉，最后编平结烧结收尾）。

3 按“处理方法 1”编结（No.30 配扣型珠子，No.31 配 10mm 扣型铆钉上下扣住）。

迷彩表带 No.31 ► P28、P29

迷彩表带，用铆钉点缀，彰显硬派设计风格。

材料

✚ 蜡线（Linhasita）

茶色（844）线 A 150cm × 6 条　线 D 150cm × 2 条

米色（222）线 B 150cm × 4 条　深绿色（88）线 C 150cm × 6 条

✚ 铆钉古董金　7mm 四角形 8 个　10mm 四角形 1 个

✚ 表带安装部分宽度为 20mm 的手表 1 个

成品尺寸

宽约 1.8cm　长度约 22cm

编法

按照 P67“编法步骤”的顺序完成。

编法示意图

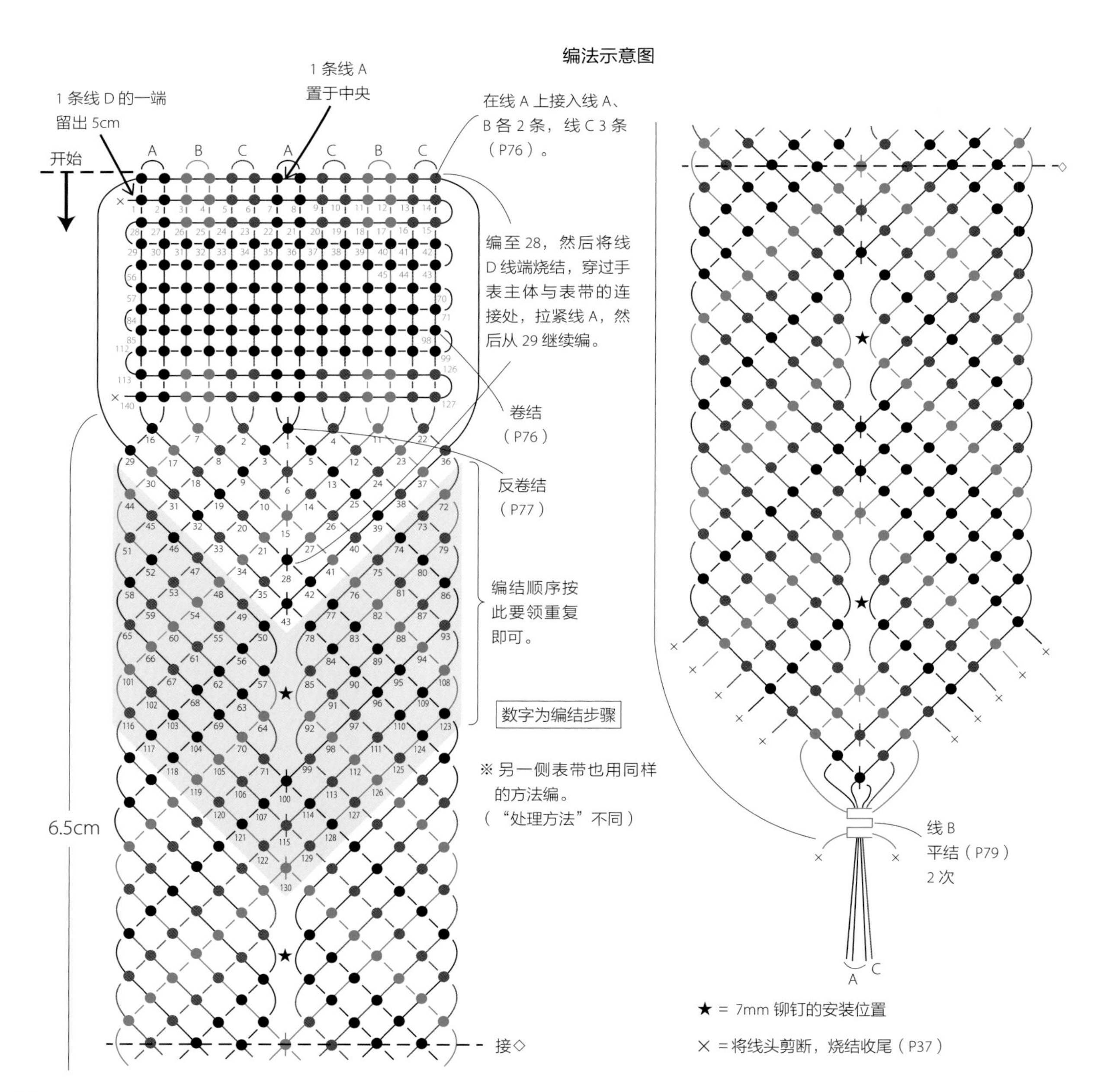

处理方法 1

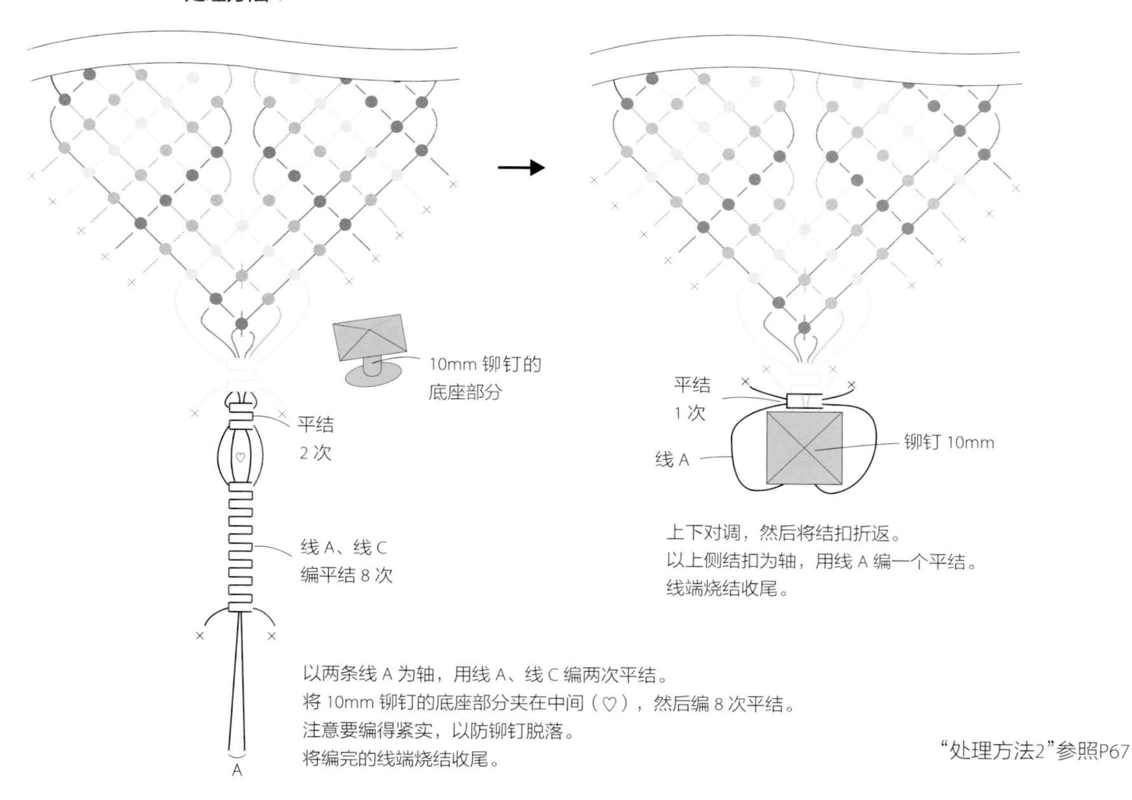

上下对调，然后将结扣折返。
以上侧结扣为轴，用线 A 编一个平结。
线端烧结收尾。

以两条线 A 为轴，用线 A、线 C 编两次平结。
将 10mm 铆钉的底座部分夹在中间（♡），然后编 8 次平结。
注意要编得紧实，以防铆钉脱落。
将编完的线端烧结收尾。

“处理方法2”参照P67

照相机挂绳 No.12

▶接P62

与照相机本体的连接方法

连接挂绳的编法

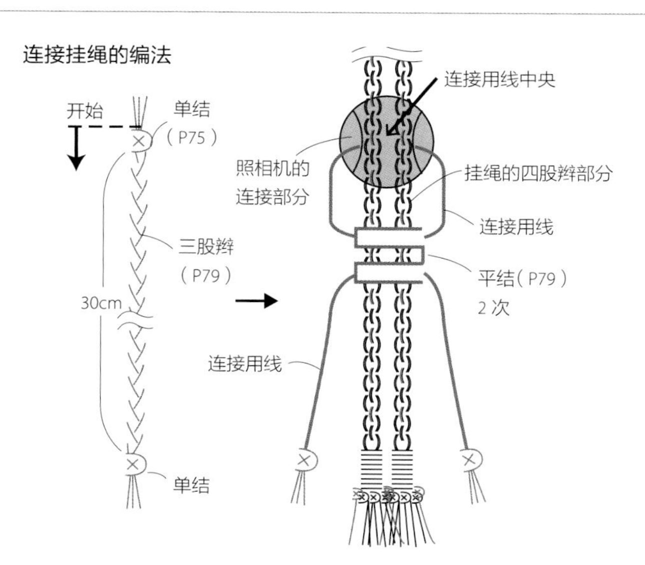

将 3 条照相机连接用线的一端对齐，编个单结后再编 30cm 三股辫，然后编个单结，最后剪齐线端。

将连接用线穿过照相机的连接部分，在中央对折。
以挂绳四股辫部分为轴，用连接用线编两个平结。
※ 如果有两处连接部分，连接用线就需要 2 条。
分别从照相机连接部分的两侧穿入，然后将连接用线编平结。

金字塔 No.25 ► P24、P25

四角金字塔图案的戒指。

材料

✚ 蜡线（Linhasita）
米色（04）线 A 80cm × 3 条
灰色（665）线 B 80cm × 4 条　线 D 10cm × 2 条
灰色（207）线 C 80cm × 4 条
✚ 直径为 6~7mm 的天然石 拉长石 1 个

成品尺寸

按照手指尺寸自行调节。

编法

按照“编法步骤”的顺序完成。将线和珠子配置好，按“编法示意图”，根据需要的尺寸，分别将两侧编好，然后将编好的两侧对接上形成圆环。

线和珠子的装配

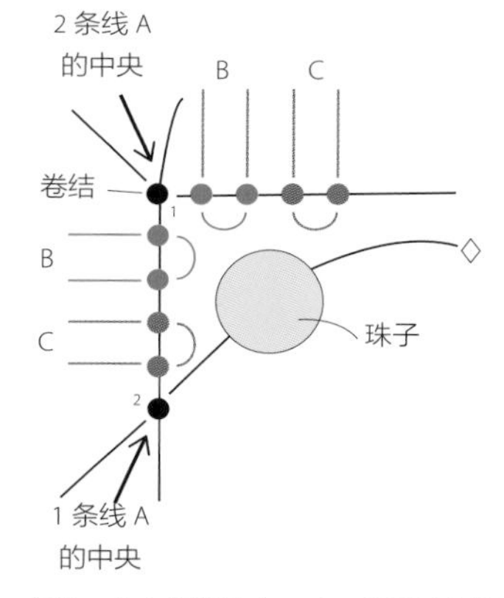

在 2 条线 A 中央编卷结（P76），分别接入线 B、线 C 各 2 条（P76），然后再加入 1 条线 A，编卷结，穿珠子。

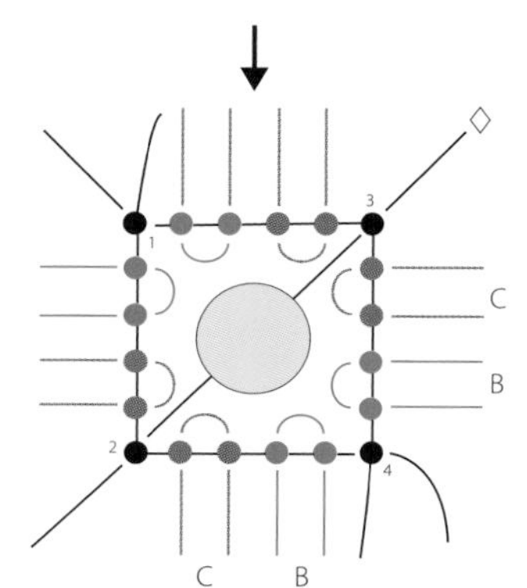

在加入线 A 的背面（◇）编卷结，然后在最初 2 条线 A 上分别再继续接入线 B、线 C 各 2 条，用线 A 编卷结。

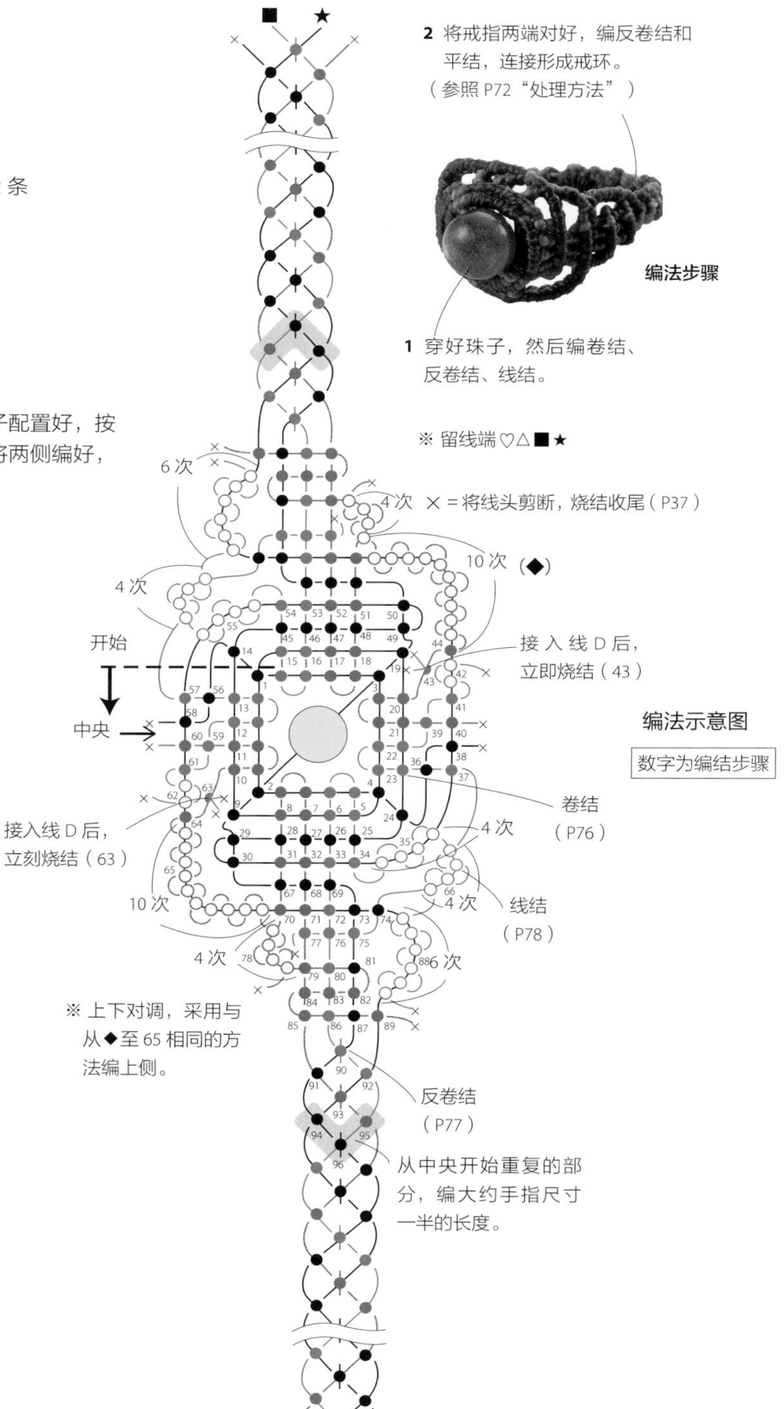

金字塔 No.26 ► P24、P25

该戒指重点突出金字塔形状。

材料（1个）

✦蜡线（Linhasita）
焦茶色（593）线 A 80cm×3 条
焦茶色（205）线 B 80cm×4 条
茶色（516）线 C 80cm×4 条
✦直径为 6~7mm 的天然石 拉长石 1 个

成品尺寸

按照手指尺寸自行调节。

编法

按照“编法步骤”的顺序完成。将线和珠子配置好，按“编法示意图”，根据需要的尺寸，分别将两侧编好，然后将编好的两侧对接上形成圆环。

线和珠子的装配

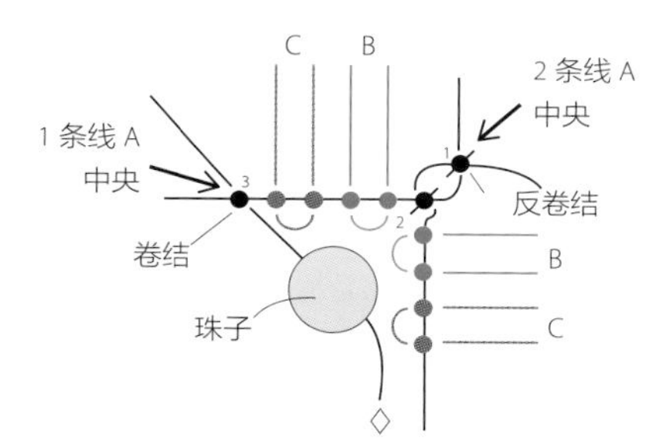

在 2 条线 A 中央编 2 个反卷结（P77），分别接入线 B、线 C 各 2 条（P76），然后再加入 1 条线 A，编卷结，穿珠子。

↓

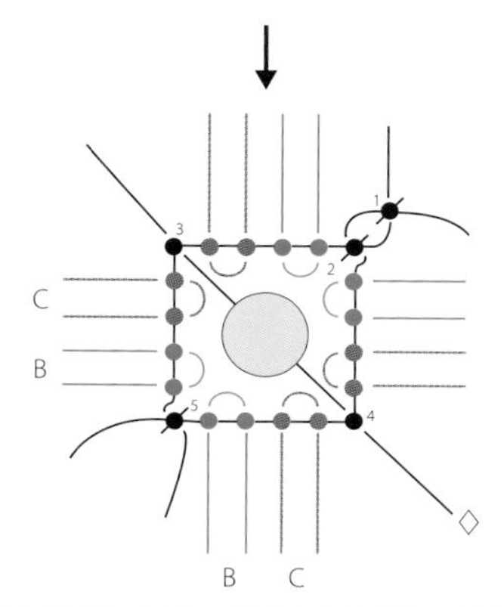

在加入线 A 的另一端（◇）编卷结，然后在最初 2 条线 A 上分别再接入线 B、线 C，用线 A 编反卷结。

编法步骤

2 将戒指两端对接上，编反卷结和平结，连接形成戒圈。
（参照 P72“编完后的处理方法”）

1 在加入线 A 的另一端（◇）编卷结，然后在最初 2 条线 A 上分别再接入线 B、C，用线 A 编反卷结。

※ 留线端♡△■★

× = 将线剪断，烧结收尾（P37）

※ 上下对调，采用与从◆至 69 相同的方法编上侧。

编法示意图

数字为编结步骤

开始

中央

线结（P78）

反卷结（P77）

卷结（P76）

4 次

8 次

从中央开始重复 的部分，编大约手指尺寸一半的长度。

影子 No.27、No.28、No.29 ► P24、P25

点缀着小型天然石珠子的简易戒指。

材料

✚ 蜡线（Linhasita）

线 A 50cm × 8 条　线 B 15cm × 1 条（解开捻线使用 1 条）

No.27…灰色（208）　No.28…绿色（228）　No.29…粉色（239）

✚ 天然石珠子

No.27…2mm × 3mm 碧玺 1 个

No.28…直径 3mm 红玉髓玛瑙 1 个

No.29…2mm × 3mm 碧玺 1 个

成品尺寸

按照手指尺寸自行调节。

编法

按照“编法步骤”的顺序完成。

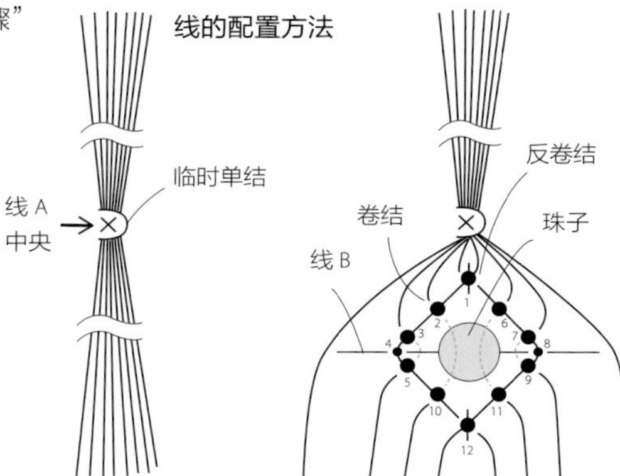

8 条线 A 的线端对齐，在中央编个临时单结（P75），然后用夹子夹住。

用线 A 按顺序编反卷结（P77）和卷结（P76），途中加入线 B，穿上珠子后继续编。

编完后的处理方法

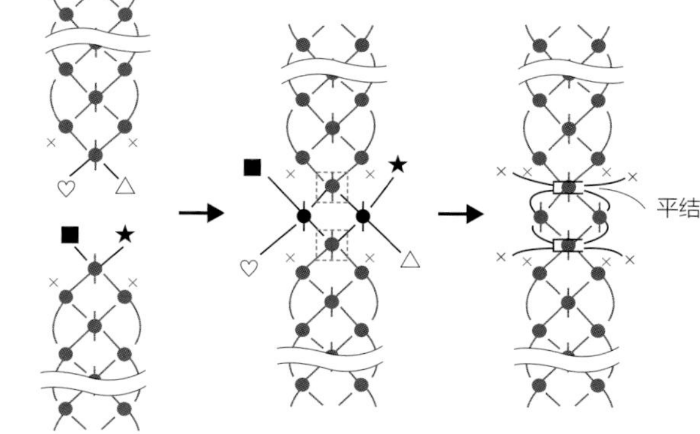

编结完成的两端对接上，形成戒环

用■ ♡和★ △编反卷结

以 ⬚ 部分的结扣为轴，各编一个平结（P79）。

编法示意图

编法步骤

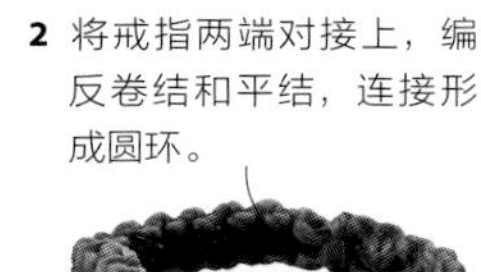

2 将戒指两端对接上，编反卷结和平结，连接形成圆环。

1 中间穿上珠子，编反卷结、卷结、线结。

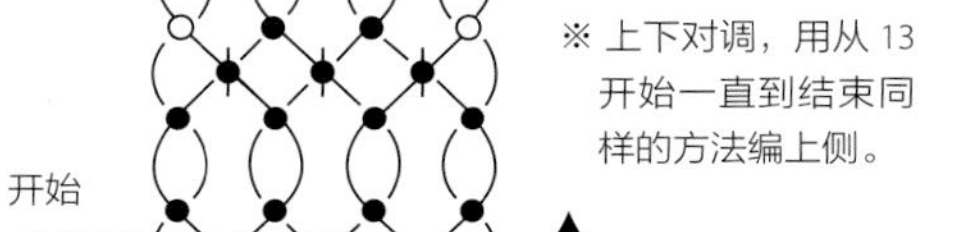

※ 上下对调，用从 13 开始一直到结束同样的方法编上侧。

数字为编结步骤

卷结（P76）

反卷结（P77）

线结（P78）

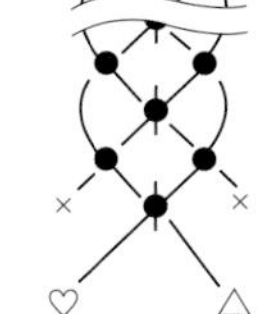

从中间开始重复 ▒ 的部分，编大约手指长度一半的长度。

※ 留线端 ♡△■★

× ＝将线剪断，烧结收尾（P37）

┈┈ ＝从珠子下方穿绕

横型单层边框 No.36、No.37、No.38、No.39 ► P30、P31

用单层边框包住天然石，配上横型挂扣。

材料

✚ 蜡线（Linhasita）

No.36… 灰色（665）结线 100cm×1 条
轴线 A 40cm×1 条　轴线 B 60cm×1 条

No.37… 茶色（207）结线 180cm×1 条
轴线 A 60cm×1 条　轴线 B 90cm×1 条

No.38… 深红色（630）结线 150cm×1 条
轴线 A 50cm×1 条　轴线 B 80cm×1 条

No.39… 浅茶色（511）结线 160cm×1 条
轴线 A 50cm×1 条　轴线 B 80cm×1 条

✚ 天然石

No.36… 红纹石（13mm×11mm：石头周长约 4.2cm，厚度 5mm）1 个
No.37… 黑曜石（25mm×21mm：石头周长约 7.5cm，厚度 5.6mm）1 个
No.38… 蛋白石（17mm×14mm：石头周长约 5cm，厚度 5.5mm）1 个
No.39… 绿宝石（22mm×19mm：石头周长约 6.5cm，厚度 4.5mm）1 个

成品尺寸

No.36…长度 2.4cm　No.37…长度 2.7cm
No.38…长度 2.7cm　No.39…长度 3.9cm

编法

参照 P41~P43 的单层边框的石头包边（纵型挂扣）的编法编结，按照“编法步骤”的顺序完成。

编法示意图

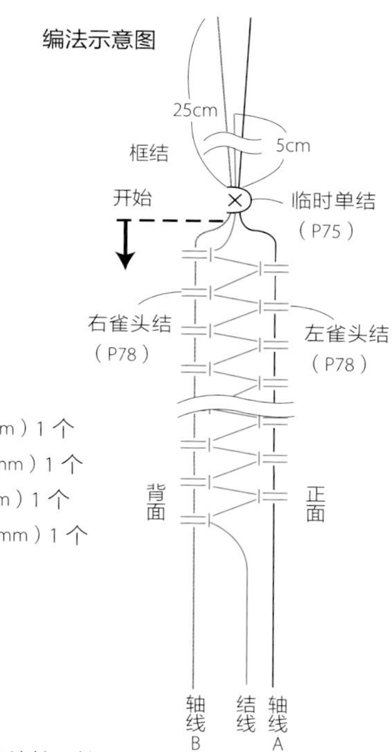

编法步骤

轴线留出 25cm，结线留出 5cm 处开始编。编至比石头周长（参照材料）少两个结扣的长度。边框编结宽度参照下表。石头包边的方法与 P42 相同。

作品	边框宽度
No.36	5~6mm
No.37	7mm
No.38	7mm
No.39	6~7mm

横型挂扣的编法

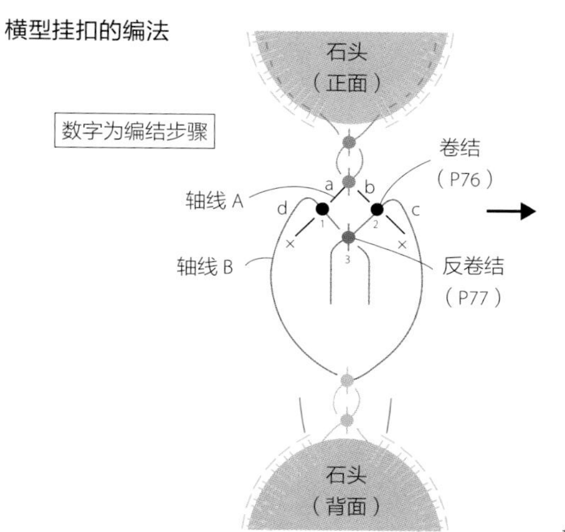

正面、背面分别用轴线 A、B（a~d）编。将线 a、b 的线头烧结。

× = 将线剪断，烧结收尾（P37）

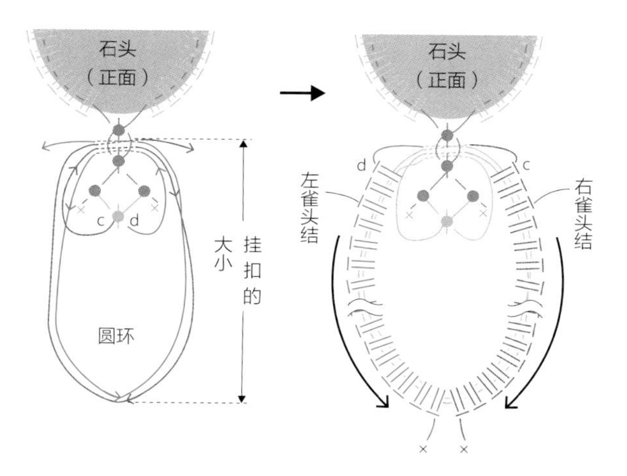

轴线 B（c、d）从正面、背面所编反卷结的中间穿过，同时绕两个圈（圈的大小根据所做挂扣的大小来决定）。

以双重圈为轴，左右分别编雀头结，编得要紧实，不要留有空隙。将线 c、d 和结线烧结收尾。

------- = 从接口中间穿过

装饰型双层边框 No.42、No.43

► P32、P33

两种颜色的双层包边，看着更加华丽鲜艳，带有装饰性的挂扣。

○ 材料

✚ 蜡线（Linhasita）

No.42…淡茶色（567）结线 A 180cm×1 条
轴线 A、线 B 70cm× 各 1 条
茶色（28）结线 B 120cm×1 条　轴线 C 70cm×1 条

No.43…米色（223）结线 A 160cm×1 条
轴线 A、线 B 60cm× 各 1 条
卡其色（222）结线 B 100cm×1 条　轴线 C 60cm×1 条

✚ 天然石

No.42…火玛瑙（22mm×26mm：石头周长约 7.5cm，厚度 6mm）1 个

No.43…玉石（17.5mm×17.5mm：石头周长约 5.5cm，厚度 7mm）1 个

✚ 其他配料

金属珠子（marchen art）极小 青铜珠（AC1643）1 个

○ 成品尺寸

No.42…长度 3.6cm　No.43…长度 3.3cm

○ 编法

参照 P44、P45 双层边框的石头包边的编法编结，按照“编法步骤”的顺序完成。

边框的编结长度约为石头周长（参照材料）的 80%。边框宽度参照下表。双层边框的编法、包住石头的方法与 P44、P45 相同。

作品	边框宽度
No.42	7~8mm
No.43	8~9mm

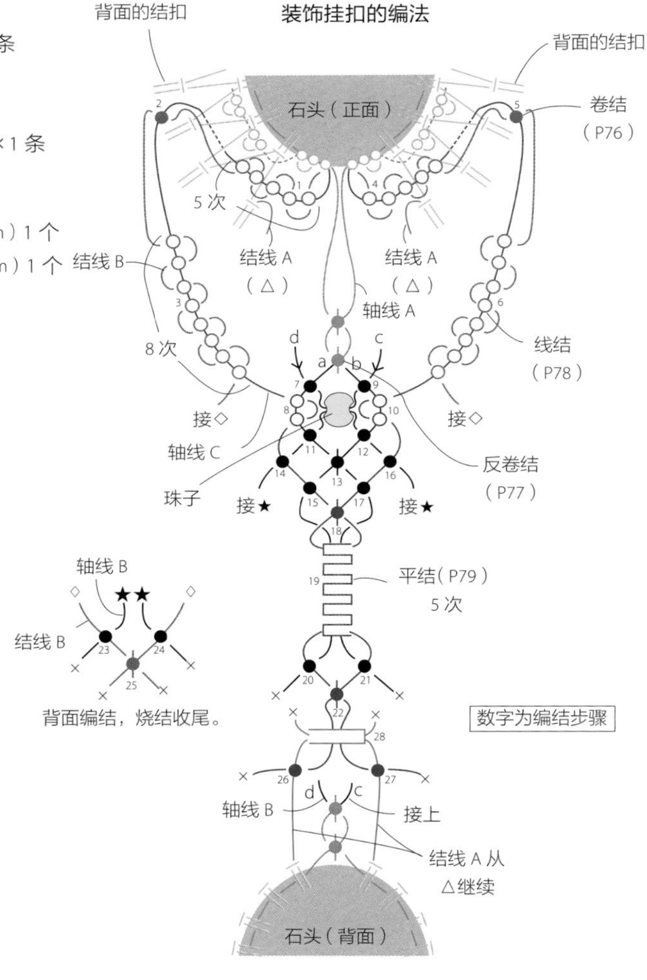

× ＝将线剪断，烧结收尾（P37）

-------- ＝从雀头结两条线下方穿过

用正面的结线 B、轴线 C、轴线 A（a,b）和背面的轴线 B（c、d）编至 22，然后背面用结线 B、轴线 B（c、d）编 23~25，线头烧结。以结线 A 为轴，在 22 附近编卷结（26，27）。将结线 A 拉紧，形成挂扣的圆环；以轴线 C 为轴，用结线 A 编一个平结（28）。剩余的线烧结收尾。

编法步骤

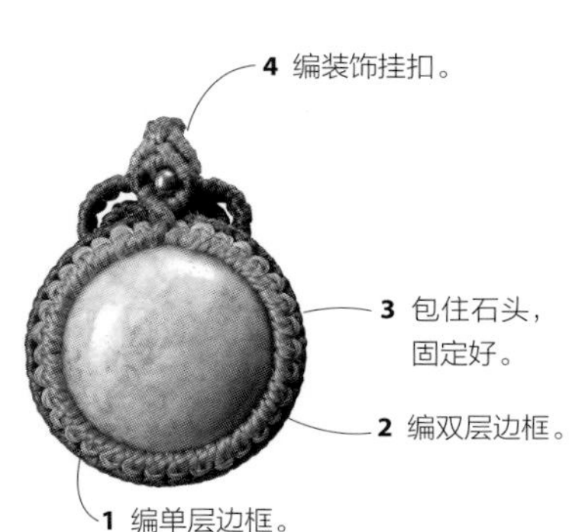

基础编法

要点 1 编得精致、漂亮与否，关键在于结扣是否小且整齐紧密。用力拉紧，使结扣与结扣之间看不到轴线。参考图示，将轴线朝编的方向拉，结线尽量朝反方向拽，这样就能编出一个紧实的结扣。拉拽的力度保持一致，编出的结扣看上去就整齐漂亮。

要点 2 线要准备得稍长一些。如果在编的过程中线不够用，就没办法完成整个作品了。根据编结时的收拉方法以及佩戴者对尺寸的嗜好不同，所用线的长短会发生一些变化。初学者应将线准备得稍长一些，作品完成后再记录下余出来的线的长度。这样慢慢就能掌握适合自己的线的长度，下次再编相同的作品时，可以作为参考。

要点 3 初次编结时，可以先进行试编。通过试编，了解要编结扣的紧实度以及结扣间的距离，以达到设计需求。

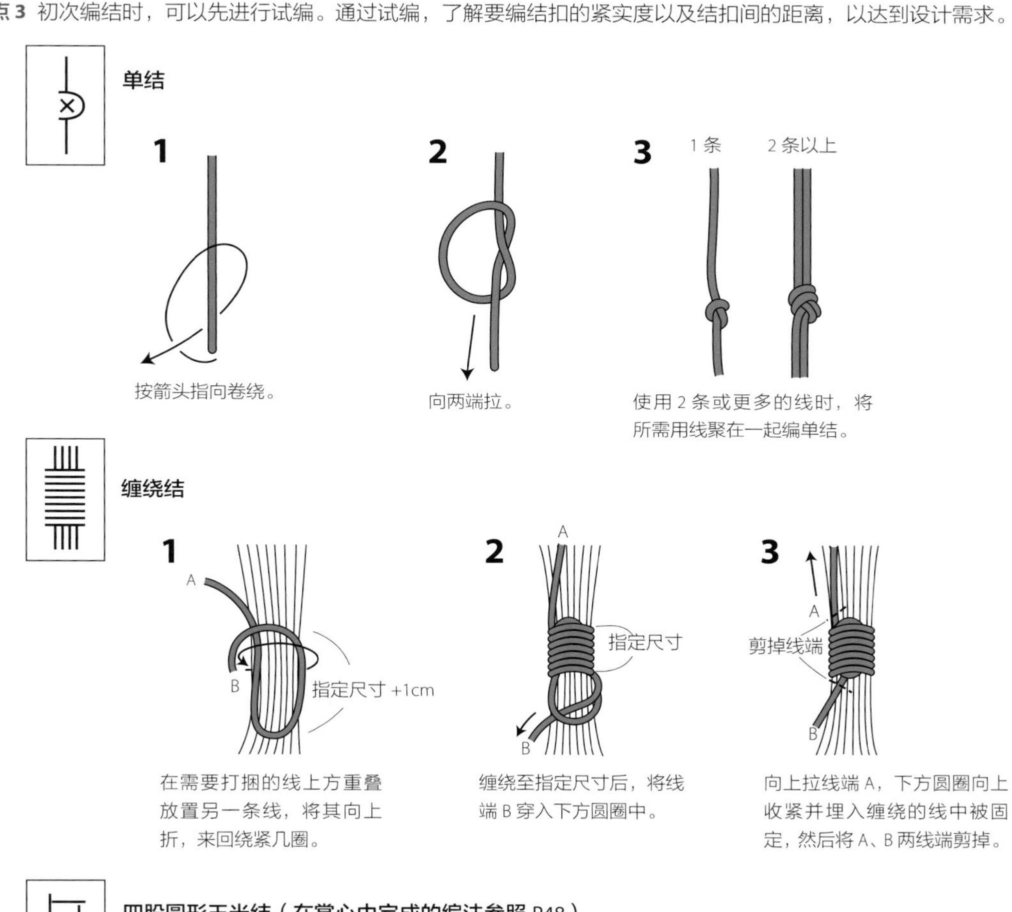

单结

1 按箭头指向卷绕。

2 向两端拉。

3 使用 2 条或更多的线时，将所需用线聚在一起编单结。

缠绕结

1 在需要打捆的线上方重叠放置另一条线，将其向上折，来回绕紧几圈。

2 缠绕至指定尺寸后，将线端 B 穿入下方圆圈中。

3 向上拉线端 A，下方圆圈向上收紧并埋入缠绕的线中被固定，然后将 A、B 两线端剪掉。

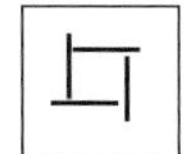

四股圆形玉米结（在掌心中完成的编法参照 P48）

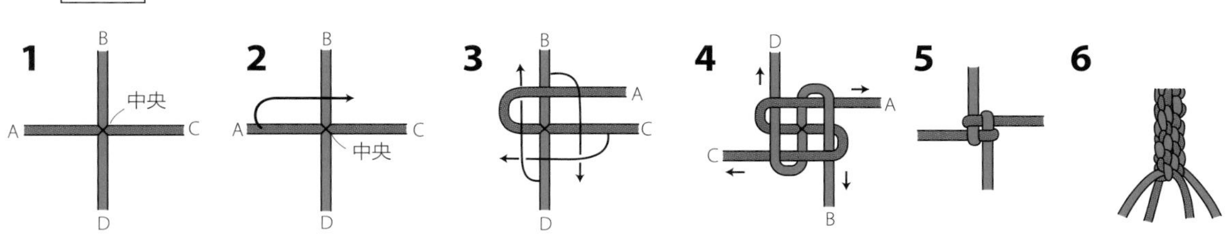

1 4 条线摊开摆放成十字形，排列好。

2 向右绕线，A 搭于 B 上。

3 同样，B 搭于 C，C 搭于 D，最后 D 搭于 A 时，插入形成的圆圈中。

4 分别朝四个方向拉紧 4 条线。

5 一个结扣就完成了。

6 重复上述编法，每层结扣会扭转着叠加在上一层结扣的上方。

卷结

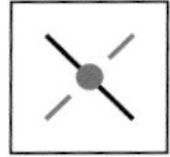

朝右侧编

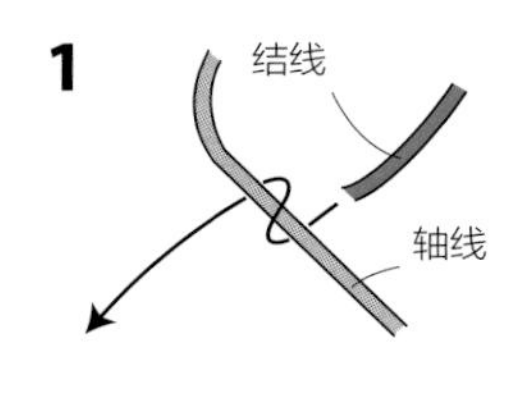

在绷直的轴线上，结线以下、上、下的顺序缠绕，拉紧。

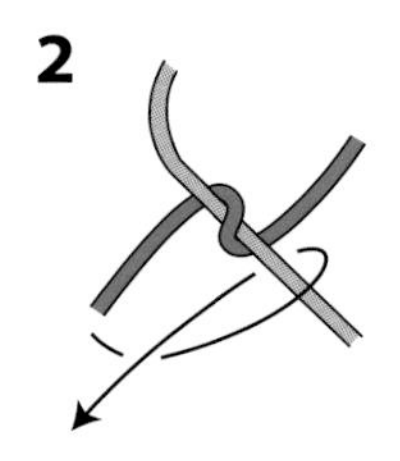

按照箭头方向，再次上、下绕过轴线，从下方圈中穿出。

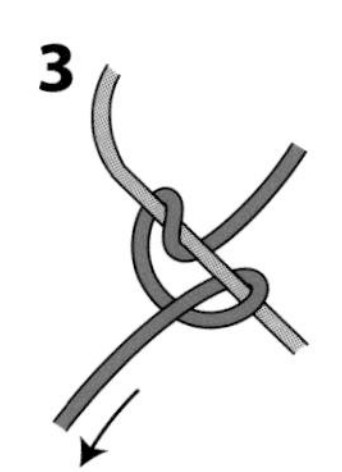

向下拉紧结线。

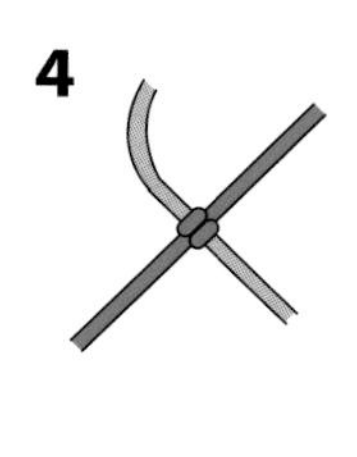

第一个结扣完成了。

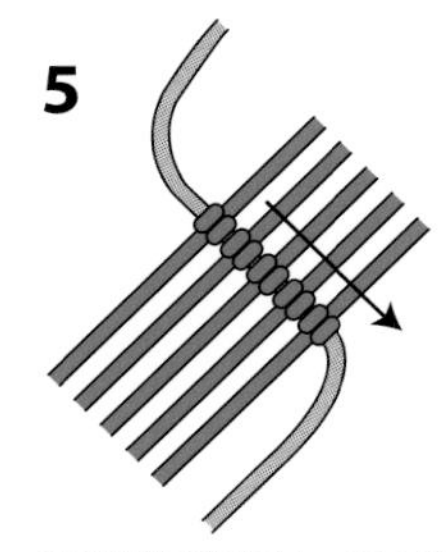

需要增加结扣时，在 4 的右侧增加结线。

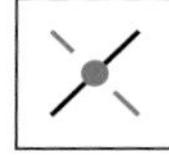

朝左侧编

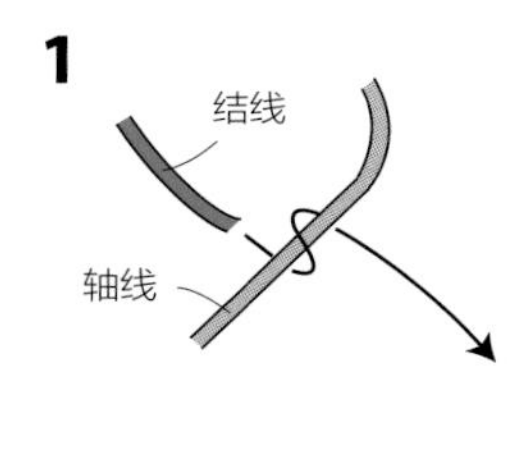

在绷直的轴线上，结线以下、上、下的顺序缠绕，拉紧。

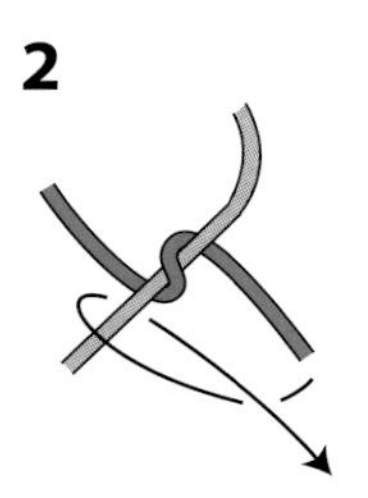

按照箭头方向，再次上、下绕过轴线，从下方圈中穿出。

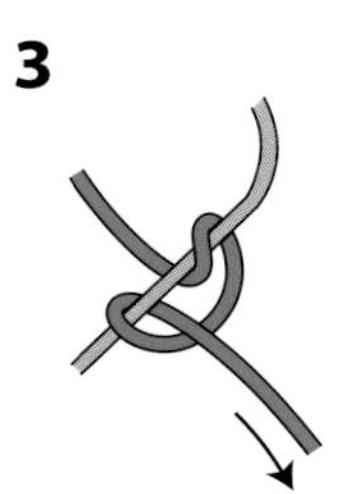

向下拉紧结线。

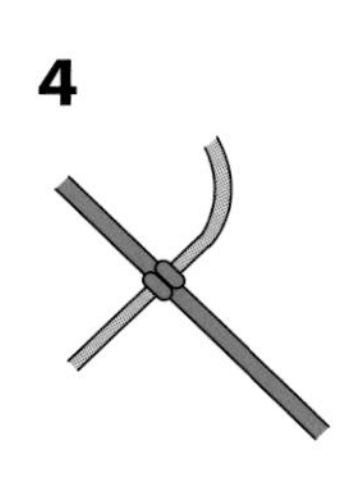

第一个结扣完成了。

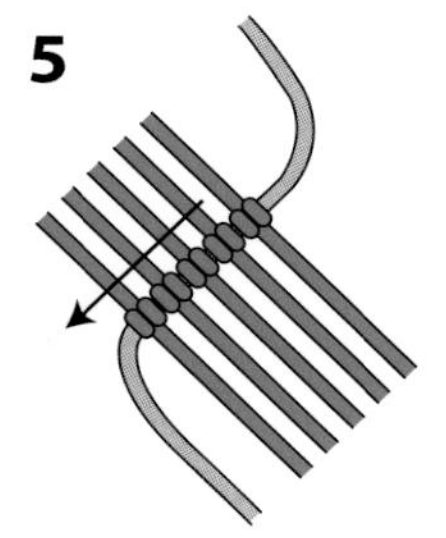

需要增加结扣时，在 4 的左侧增加结线。

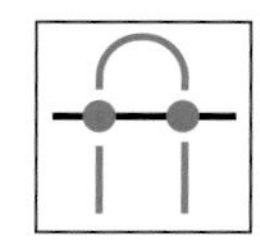

卷结的接入方法 A

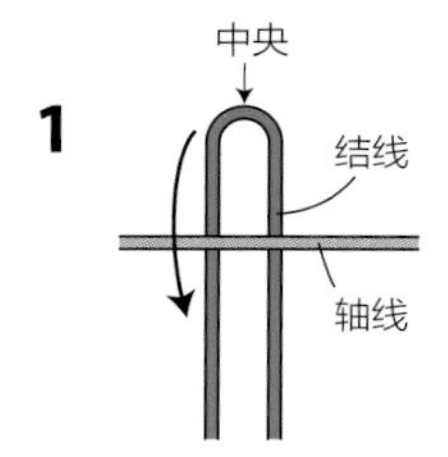

将结线对折，置于轴线下方，使中央部分倒向前方。

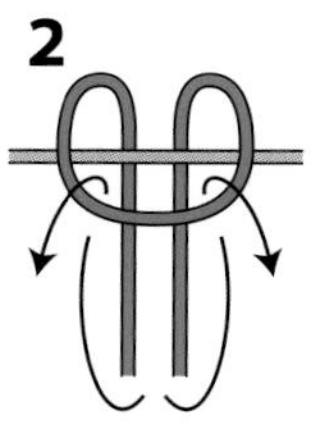

将结线两端分别从前方形成的圆圈中拉出。

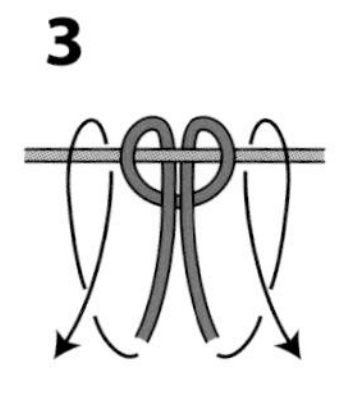

结线两端分别从前方向后搭在轴线上，然后从前方圆圈中拉出。

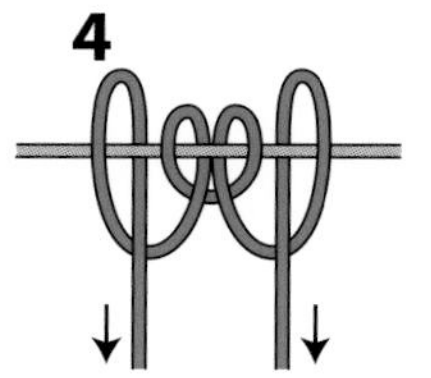

拉紧。

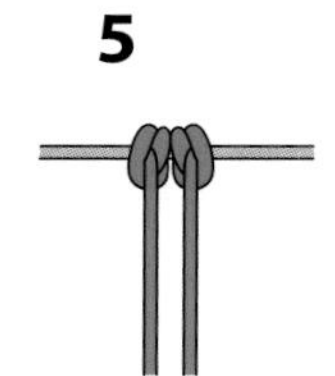

完成。

反卷结

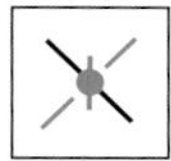

朝右侧编

1

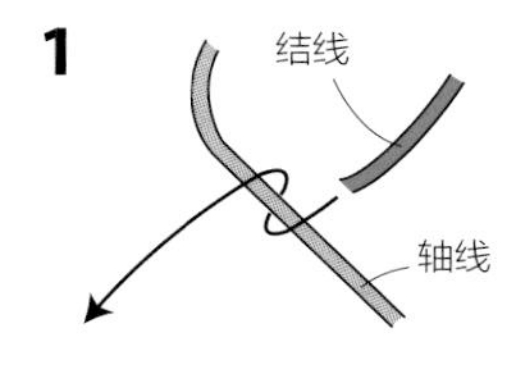

在绷直的轴线上，结线以上、下、上的顺序缠绕，拉紧。

2

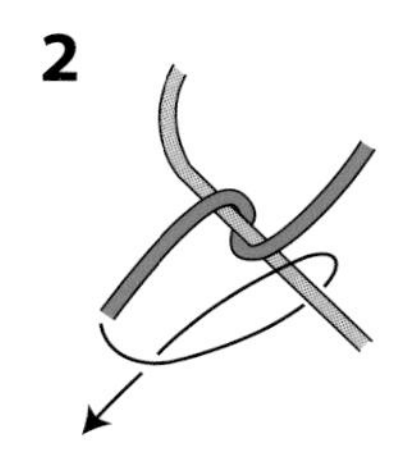

按照箭头方向，再次以下、上的顺序绕过轴线，从下方圈中穿入。

3

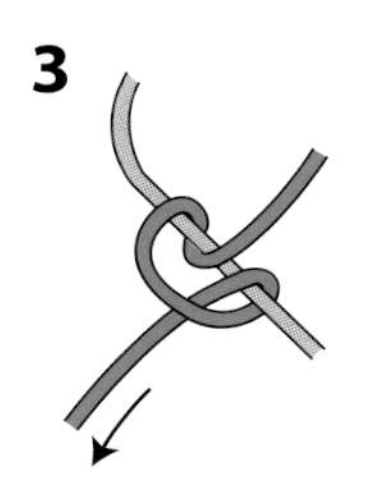

向下拉紧结线。

4

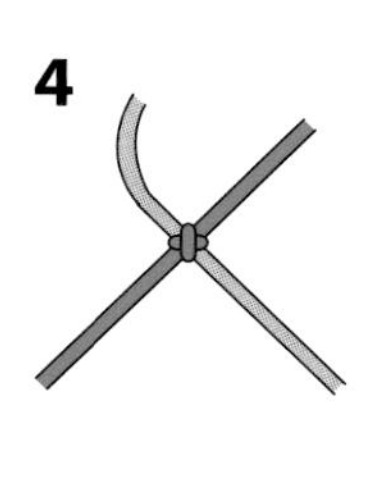

第一个结扣完成了。

5

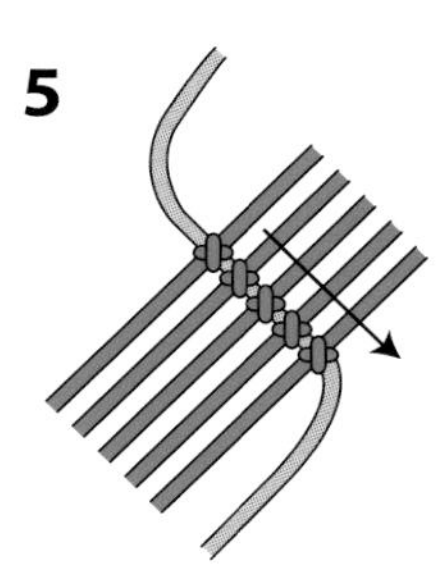

需要增加结扣时，在 4 的右侧增加结线。

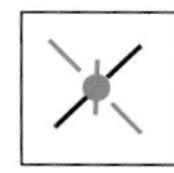

朝左侧编

1

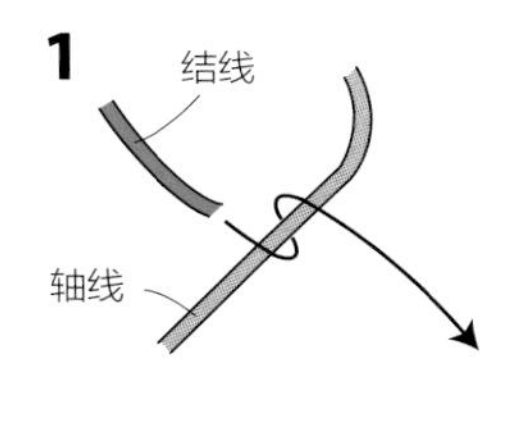

在绷直的轴线上，结线以上、下、上的顺序缠绕，拉紧。

2

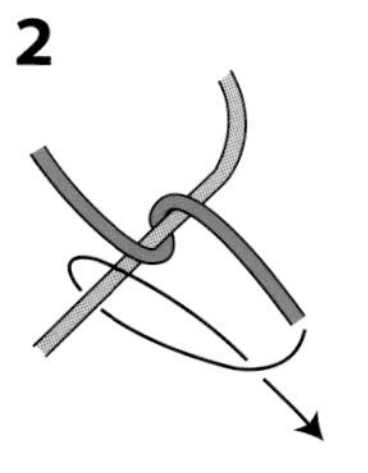

按照箭头方向，再次以下、上的顺序绕过轴线，从下方圈中穿入。

3

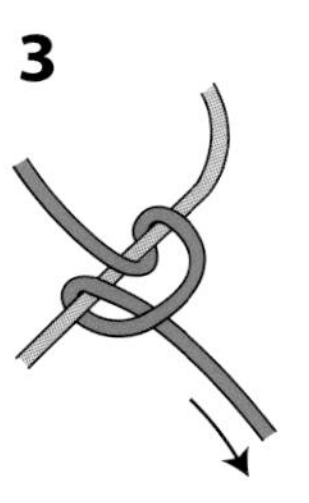

向下拉紧结线。

4

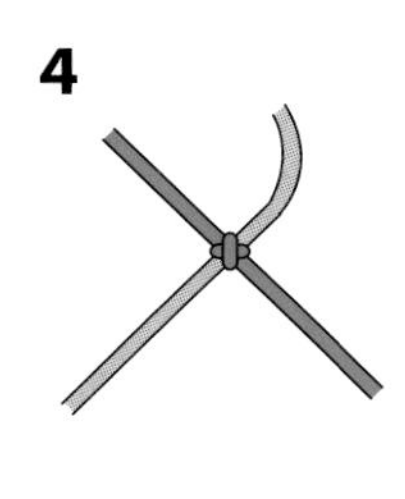

第一个结扣完成了 。

5

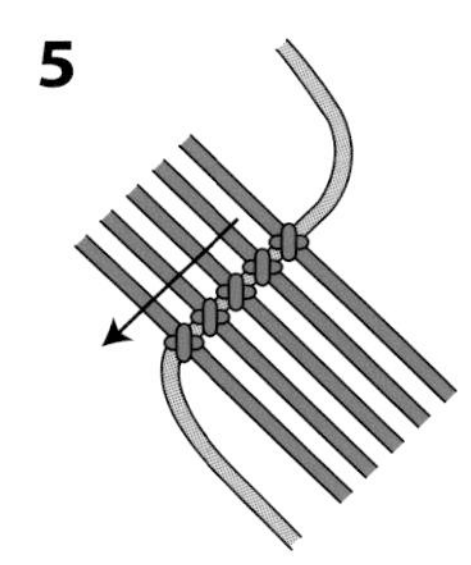

需要增加结扣时，在 4 的左侧增加结线。

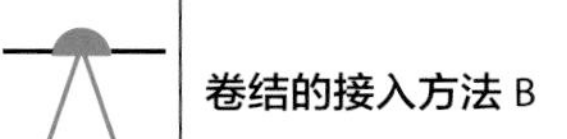

卷结的接入方法 B

1

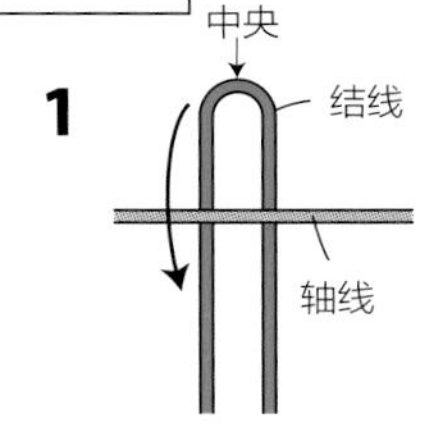

将结线对折，置于轴线下方，使中央部分倒向前方。

2

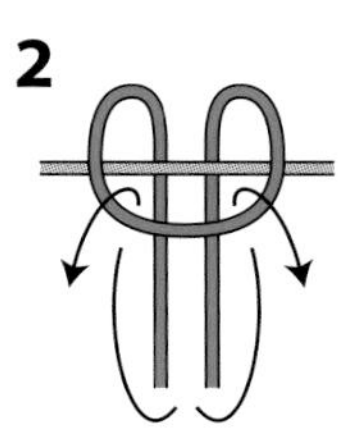

将结线两端从前方线圈中拉出并收紧。

3

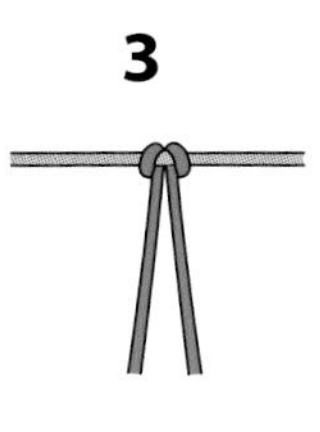

完成。

卷结的接入方法 C

1

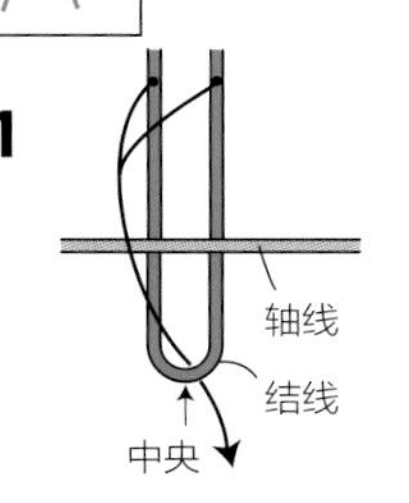

将结线对折，置于轴线下方，将结线两端向前插入线圈中。

2

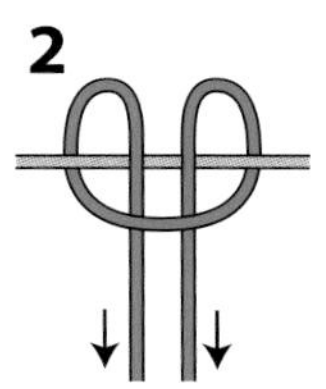

拉紧结线两端。

3

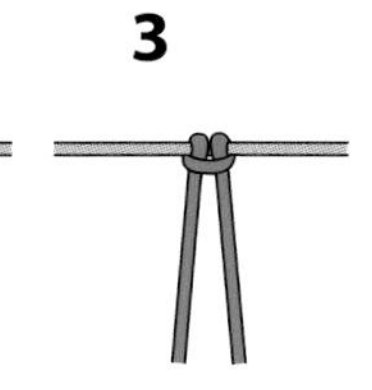

完成。

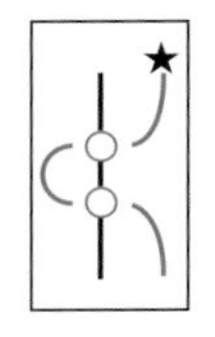

线结

1

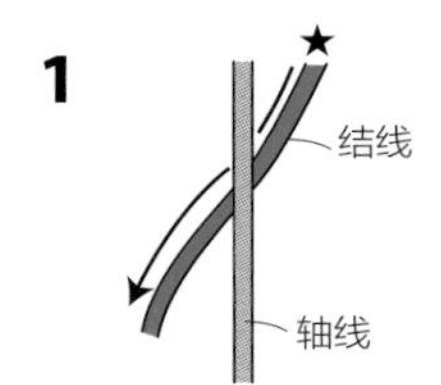

轴线绷直，将结线置于右侧，按照箭头方向从轴线下方斜插向左侧。

2

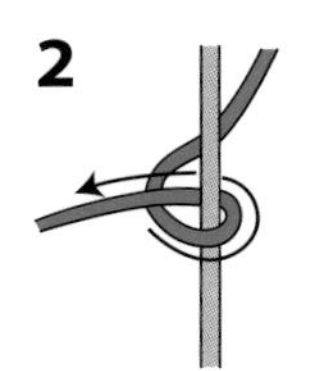

将结线从轴线上方向下绕。

3

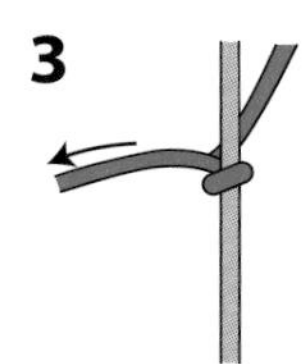

拉紧。一个线结就完成了（从右侧至左侧编时）。

4

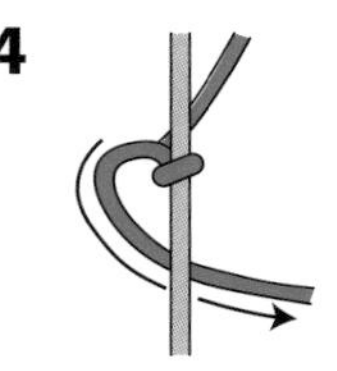

接下来，将置于左侧的结线按箭头方向，从轴线下方斜插向右侧。

5

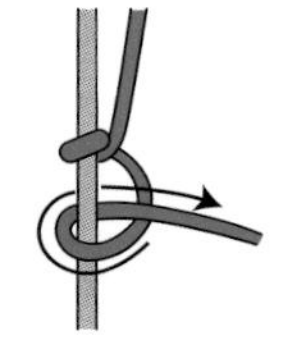

从轴线上方向下绕。

6

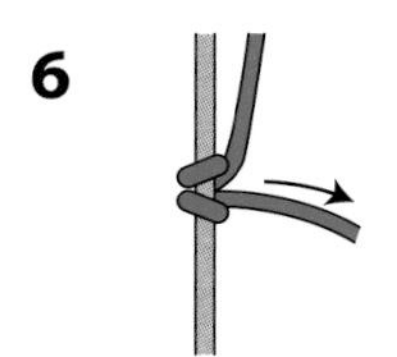

拉紧。一个线结就完成了（从左侧至右侧编时）。

7

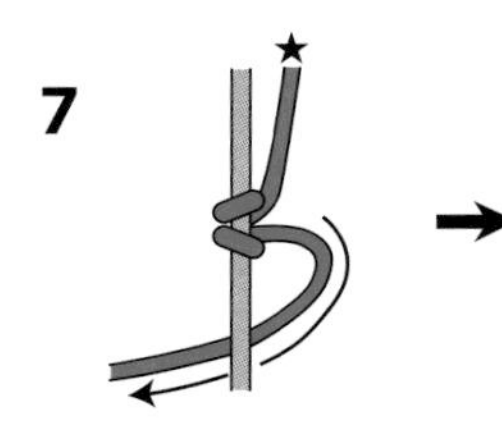

重复步骤 1~6 的编法。要注意根据开编时结线位置（标注★）的不同，编结朝向会发生改变。

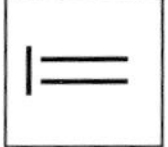

左雀头结

1

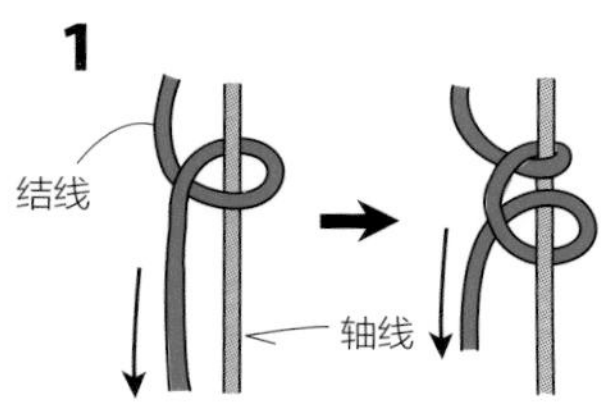

将结线从左侧绕过轴线，由上至下穿过并拉紧，再由下至上穿过并拉紧。

2

结线由左侧伸出。一个左雀头结就完成了。

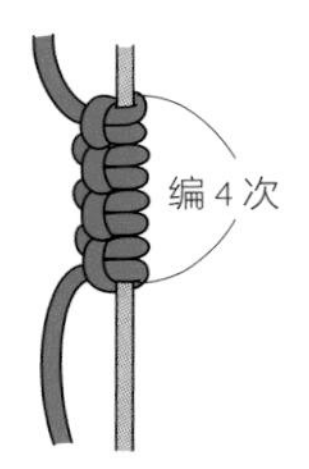

※ 编结时注意要用力将结扣拽紧，不要让结扣间留有空隙，这样完成后才会更漂亮。

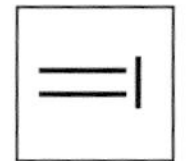

右雀头结

1

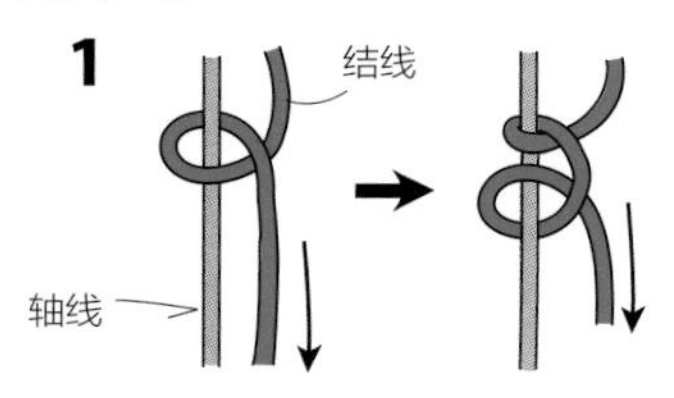

将结线从右侧绕过轴线，由上至下穿过拉紧，再由下至上穿过拉紧。

2

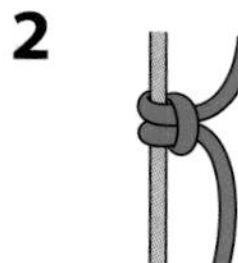

结线由右侧伸出。一个右雀头结就完成了。

※ 编结时注意要用力将结扣拽紧，不要让结扣间留有空隙，这样完成后才会更漂亮。

平结

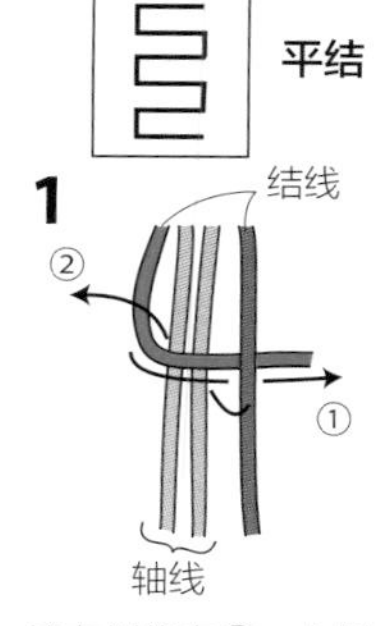

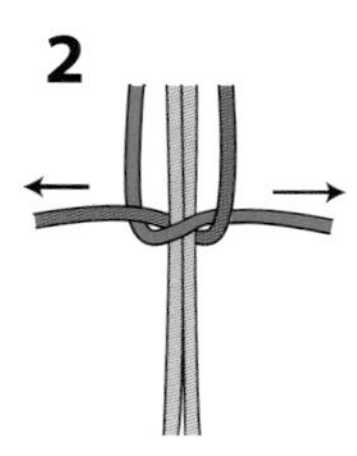

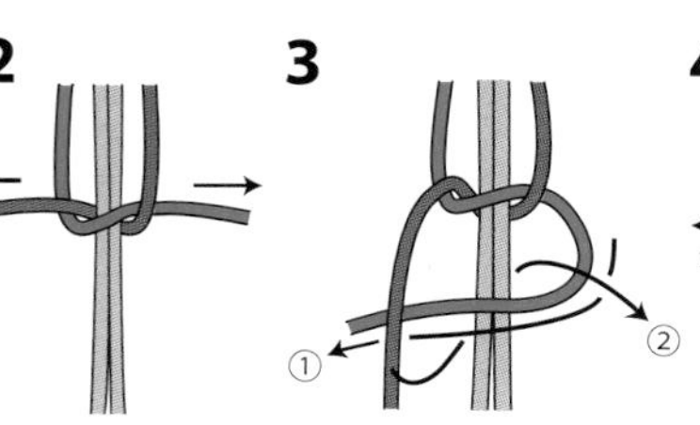

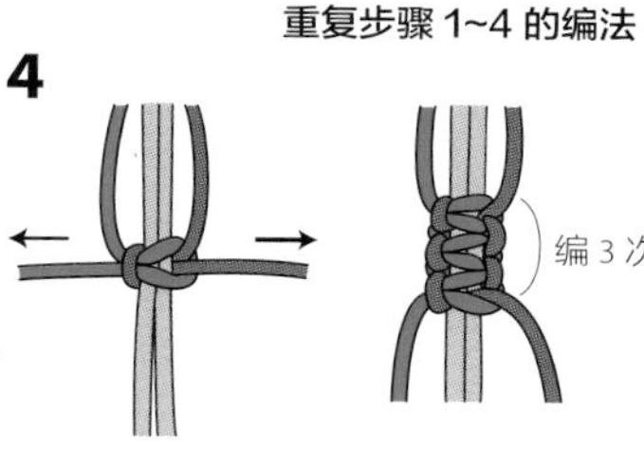

重复步骤 1~4 的编法

平结的接入方法

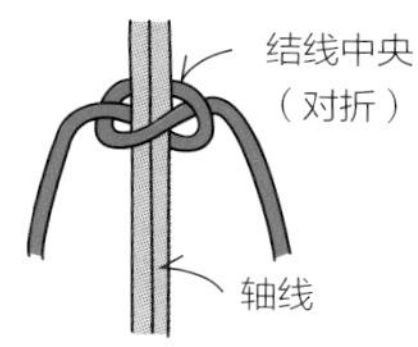

1 按左侧线向①、右侧线向②的顺序交叉。

2 将线向左、右方向拉。

3 按右侧线向①、左侧线向②的顺序交叉。

4 将线向左、右方向拉，一个平结就完成了。

将结线中央对齐轴线，开始编（图中所示是编至平结 2 的状态。）

扭结

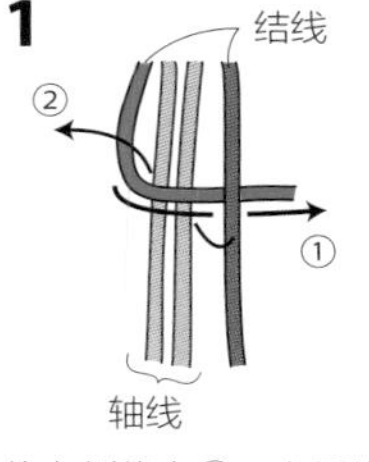

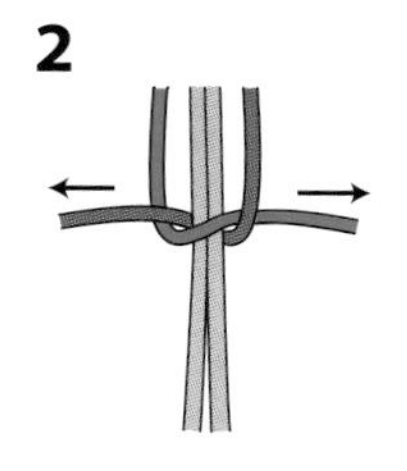

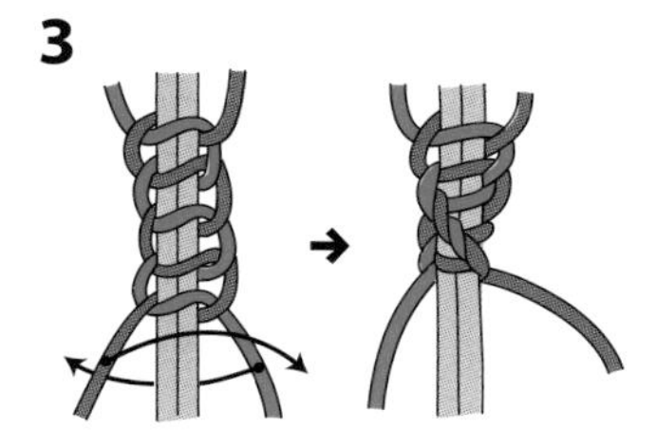

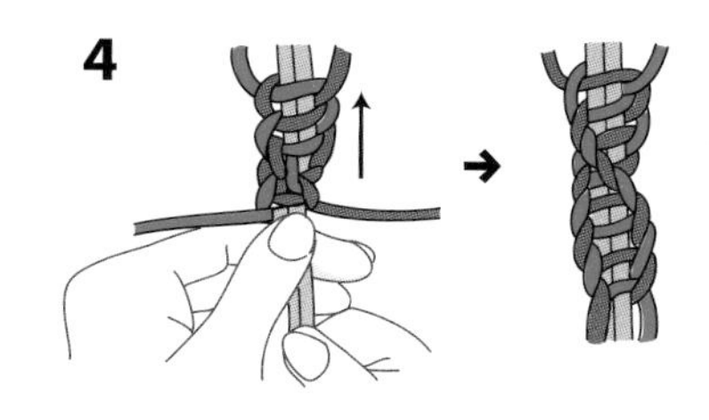

1 将左侧线向①、右侧线向②的顺序交叉。

2 将线向左、右方向拉，完成一次扭结。

3 重复步骤 1 和 2，大约编 5 次，结扣就会自然呈扭转状，结线左右交换位置。

4 向上推紧结扣。大概编成半扭转状态（约 5 次），交换左右结线的位置，然后再向上推紧。

三股辫

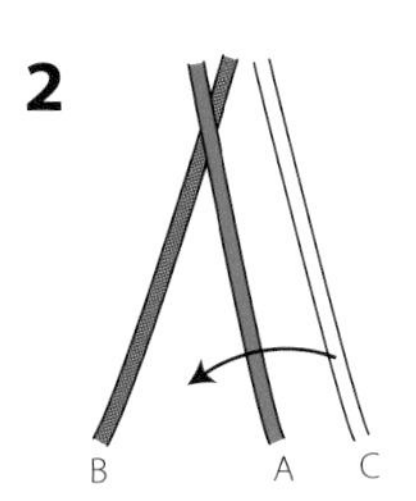

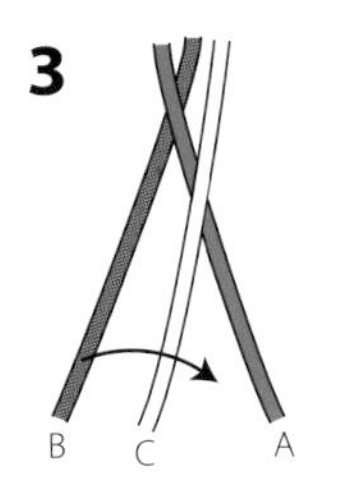

3

B C A

1 将 A 插入 B 和 C 中间。

2 再将 C 插入 B 和 A 中间。

3 左右相互交替着编。

四股辫

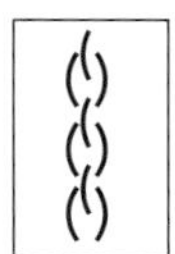

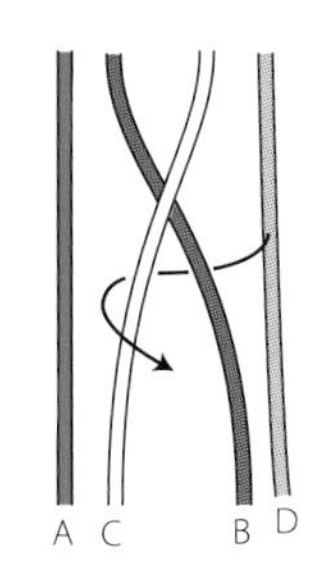

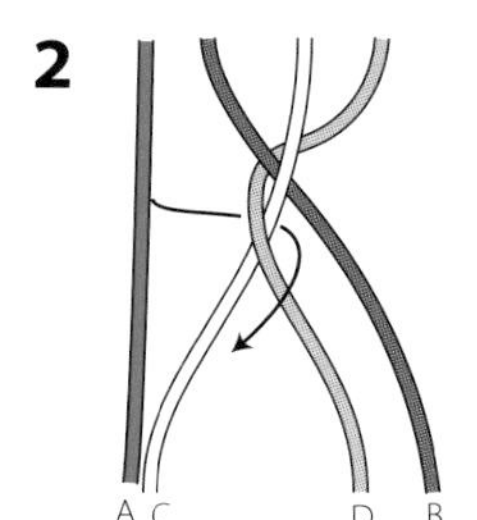

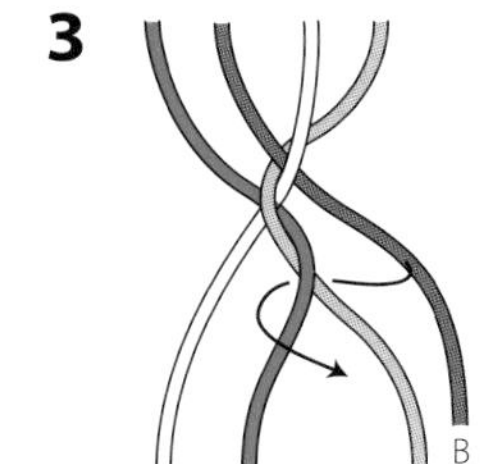

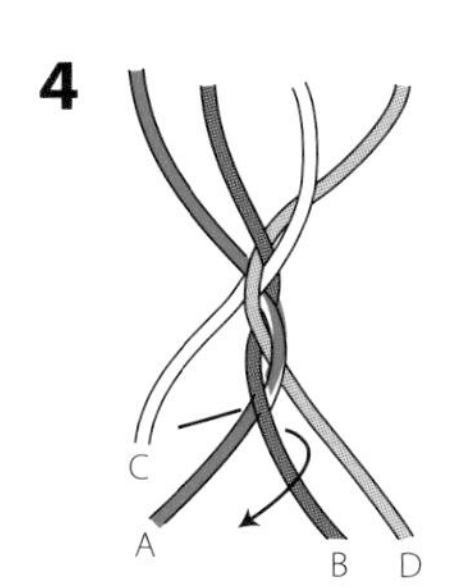

1 C 从上方与 B 交叉。D 从 B、C 下方穿出，再从上方插入 B、C 中间。

2 A 从 C、D 下方穿出，然后从上方插入 C、D 中间。

3 再将 B 从 D、A 下方绕出，然后从上方插入 A、D 中间。

4 按同样方法，将两边的线左右交替编结。

1NICHI DE TSUKURERU MACRAME ACCESSORY
NANBEI DE DEATTA MUSUBI NO WAZA

照片　西山航
造型　chizu
设计　绳田智子（L'espace）
编辑　相马素子
编法合作·插图　田中利佳
基础插图　marchen art 株式会社（P37、P75~P79）
校正　梶田 hiromi
编辑　饭田想美

图书在版编目（CIP）数据

1天编出南美风彩绳饰品 /（日）镰田武志著；洋红译.
—北京：机械工业出版社，2019.6（2025.2重印）
（指尖漫舞：日本名师手作之旅）
ISBN 978-7-111-62660-2

Ⅰ.①1… Ⅱ.①镰… ②洋… Ⅲ.①绳结—手工艺品—制作—日本 Ⅳ.①TS935.5

中国版本图书馆CIP数据核字（2019）第083815号

机械工业出版社（北京市百万庄大街22号　邮政编码100037）
策划编辑：马　晋　　责任编辑：马　晋
责任校对：张莎莎　　封面设计：张　静
责任印制：李　昂
北京瑞禾彩色印刷有限公司印刷

2025年2月第1版第8次印刷
187mm×240mm·5印张·2插页·143千字
标准书号：ISBN 978-7-111-62660-2
定价：49.80元

电话服务
客服电话：010-88361066
　　　　　010-88379833
　　　　　010-68326294

网络服务
机　工　官　网：www. cmpbook. com
机　工　官　博：weibo. com/cmp1952
金　书　网：www. golden-book. com
机工教育服务网：www. cmpedu. com